中南大学路科溯源
（1903—1953）

主　编　董龙云　刘贡求　杨　彦

中南大学出版社
www.csupress.com.cn

·长 沙·

编委会

序

　　高等学校都是由若干学科组成的，学科是彰显高校格局、承载高校发展的基石。2000 年，长沙铁道学院、湖南医科大学与中南工业大学合并组建为中南大学，当时社会舆论普遍认为，如此强强联合无异于在湖南打造了一艘高校航母。这里的所谓"强强联合"，指的便是当年一并融入中南大学的中南工业大学、湖南医科大学、长沙铁道学院，已经拥有了矿科、医科、路科等强势学科群。

　　为了继往开来，再创辉煌，本文作者连续几年辛劳，探寻中南大学路科发展历程。原长沙铁道学院的路科，源自清末兴起的开矿筑路及保矿保路，那是国内需要培养中国的路矿工程技术人才。从兴办实业学堂、工业学校发展到湖南大学。1953 年我国高等院校进行院系调整时，组建了中南土木建筑学院。而中南土木建筑学院的路科，又分别来自于新中国成立初期的湖南大学、武汉大学、广西大学、南昌大学、云南大学、四川大学、华南工学院等七所高等院校的土木工程、铁道建筑院（系）。作者分别前往湖南、湖北、广西、江西、云南、四川、广东等省市档案馆，从浩如烟海的历史文献中逐页查找有关资料。在此基础上，进行分类整理并核实无误，终于厘清了中南大学路科七流归于一江的历史本源。

　　《中南大学路科溯源》是跨越半个多世纪、七省市时空的"史书"，较为全面地反映了中南大学路科源头走向及艰难路径。纵观全书，时空处理由远及近，由此及彼，脉络清晰；学科发展从无到有，由弱到强，内容充实；学科走向从源头七脉各有造化，到众多大师率队汇成巨流，史料可信。

　　研究学校变迁和学科发展历史，使我们得到一些有益启示。当时成立的中南土木工程学院，无疑土木工程专业实力相当雄厚，但缺少相关专业配合支持，难以适应发展需要。几年之后，中南土木工程学院先后更名为湖南工学院、湖南大学，扩充了大量专业。1960年，铁道部与湖南省商定以湖南大学铁道工程、桥梁隧道、铁道运输等专业为基础，组建长沙铁道学院。经过40年的努力，长沙铁道学院学科建设比较齐全，也有一定特色，除原有专业外增设了机车车辆、通信信号、工程机械、信息工程等专业，适应大交通发展需要。培育了大批工程技术人才，推出了大量科研成果，为国家铁路事业发展作出了重要贡献。

现今，中南大学的土木工程学科、交通运输工程学科都取得了新的成就，拥有土木工程、交通运输工程两个一级学科国家重点学科。建有高速铁路建造技术国家工程实验室、世界规模最大的列车气动性能实验室等科研平台，参与建设轨道交通安全协同创新中心，多项成果获得国家级奖励和省部级奖励。中南大学正朝着建设"双一流大学"目标阔步前进。诚望发扬多学科、强专业优势，创新"大交通"学科，打造服务"大交通"的高校特色品牌。

我已年届八旬，这一辈子就干了一件事，学铁路、修铁路、管铁路。看到我国铁路发生了巨大变化，内心由衷感到高兴。自己能够在铁路工作中取得一些成就，要感恩党和人民的培养，感恩母校老师的教导。几十年来，我一直关注和支持母校发展。我深信，在全面建设社会主义现代化的新征程中，母校将会创造更加辉煌的业绩！

孙永福

2021年2月

前　言

　　中南大学于 2000 年 4 月 29 日由原湖南医科大学、长沙铁道学院与中南工业大学合并组建而成。原长沙铁道学院的前身系原中南土木建筑学院。

　　1953 年 3 月，全国第二次高校院系调整，中南行政委员会高教局初议由中南区的湖南大学、武汉大学、广西大学、南昌大学、云南大学、四川大学、华南工学院(现华南理工大学)的土木系、建筑系在湖南长沙组建中南土木建筑学院；后来又决定将华南工学院(现华南理工大学)的铁路建筑、桥梁与隧道专业部分教师调入拟成立的中南土木建筑学院。1953 年 6 月，国家高等教育部又决定将西南区的云南大学和四川大学的铁道建筑学系调入拟成立的中南土木建筑学院。1953 年 9 月，由上述 7 所高校的土木工程系与铁道建筑系合并成立的中南土木建筑学院最终调整方案正式公布。1953 年 10 月 16 日，中南土木建筑学院在长沙原湖南大学原址正式宣告成立。

　　上述 7 所高校都有比较长的办学历史，中南土木建筑学院不仅集中了不少学术造诣深厚、教学及各项工程实践经验丰富的教职员工，而且传承了上述 7 所高校的土木、桥梁、铁道专业的深厚学脉。

　　上述 7 所高校调入中南土木建筑学院的土木、桥梁、铁道专业有的始建于 20 世纪 20 年代，有的发端于清代末年。本研究项目跨越百余年历史时空，挥洒数万言建言立说就在于探寻上述学科专业的发起源头，并追溯其发展脉络，以彰显中南大学路科学脉渊源。

　　从清末民初南方及西部各省为"争路权"而"讲求路学",创办各类实业学堂(包括 1903 年创办的湖南省垣实业学堂)以建"路科",到如今普通铁路从茫茫平原到雪域高原,遍布全国各地;高速铁路从国内到国外,已经享誉全球;"路漫漫其修远兮",一个多世纪以来始终能见到中南大学这条路科学脉的传承、执掌人"上下求索"的坚毅身影。漫漫长路永无止境,本书的追溯虽已截止于 1953 年,但是接下来半个多世纪的事实证明,中南大学的路科学脉还在不舍昼夜地向前伸展。如是说来,此书仅为这条漫漫长路上的一座记录初始时期创业艰难的里程碑。由于历史过于久远,史料残缺,以至于此"碑"还不甚清晰,深感遗憾。

目　录

第一章 中南大学路科溯源之
湖南大学土木工程学科

第一节 湖南省垣实业学堂、湖南官立高等实业学堂、
湖南公立工业专门学校之土木工程科

一、源起

19世纪末20世纪初，中国社会时局动荡，内忧外患交迫，时事孔棘，需才更殷。革新书院旧制，兴办各类新学，培养各类新人，以达"实业救国"之目的，已成为举国上下志士仁人之共识。迫于国内外的种种压力，1901年9月，清政府终于明令各地将省城书院改为大学堂，以推进高等教育的近代化进程。

有史料记载：当时的湖南，虽然高等教育的近代化步伐远远落后于京师和沿海各省，但长沙等地"开埠在尔，矿务铁路交涉日繁"，变革书院旧制，兴办新式教育已是刻不容缓。适逢既有见识又有作为的封疆大吏赵尔巽被派任湖南巡抚。赵尔巽抚湘期间励精图治，推行新政，并把发展教育作为新政的"首务""急务""第一要务"。

当时的赵尔巽认为,"济变之方, 莫如兴学","时事孔棘, 非讲求实学不足以应世变"。因此, 1903 年, 刚刚上任湖南巡抚的赵尔巽便接受自日归国的梁焕奎的建议, 以贡院为校址, 创办了湖南省垣实业学堂(湖南高等实业学堂), 旨在讲求矿学、路学, 以保利权而储才能。[①] 本着"开风气, 兴实学, 莫要求学于外洋"的清醒认识, 赵尔巽任命梁焕为首任监督, 并亲自选送 6 名实业学堂学生赴比利时学习。中南大学的矿务、铁路专业设置及其人才培养从此开了先河。

又据史料记载:湖南地处南北要冲, 修筑铁路势在必行。而当时道经湖南的粤汉铁路筑路权则被美国、比利时两国私相授受, 直接侵犯中国主权。正如湖南绅商各界后来给两湖总督张之洞呈文所说:"将来铁路所到之处, 即权力所到之处, 派兵保路, 永无撤期, 近路矿山, 任其开采, 必至为辽东铁路之续, 贻祸何堪设想。"于是, 在奋起争矿权之后, 又奋起争路权。而要争矿权、路权, 必须从培养自己的矿、路人才开始, 也便遂有实业学堂的筹建、路矿学科的兴起。

光绪二十九年(1903)冬, 湖南巡抚赵尔巽创办的省垣实业学堂是清末全国最早开办的三所实业学堂之一。实业学堂设矿、路两科, 初借衡鉴堂作为讲舍, 随着班次增加, 校舍不够用, 于是于光绪三十二年(1906), 迁至长沙市小西门金线巷租赁民房。金线巷民房也狭窄, 难以长期发展。之前, 设在落星田的湖南高等学堂已于光绪三

赵尔巽晚年肖像

十一年(1905)冬迁往岳麓书院, 实业学堂乃就高等学堂旧址改建,

---

① 出处散见于 20 世纪初湖南省垣实业学堂、高等实业学堂有关历史资料。

逾年(1907)落成搬迁。

光绪三十四年(1908),湖南省垣实业学堂升格为湖南官立高等实业学堂。

1909 年,湖南巡抚岑春蓂奏称"以迅赴事机为贵,湘省实业诸待讲求,其时势所急需者则莫如路、矿两科",同时"粤汉铁路三省合办,湘省实握中枢,路线绵长,工程浩大,建造既乏通才,培养斯为要著",并且"湘境矿产甲于东南各省,近来开采卓有成效,固有不乏,而勘炼之法少所研求,致以采者仅售生砂,未采者久湮美利,提倡矿学,尤未可视为缓图",因此,请求将湖南省垣实业学堂升办路、矿本科,各设高等、中等两级以为预科,得到清廷批准。

宣统二年(1910),清政府学部核准原省垣实业学堂开办矿、路专科,"应即定名为高等矿路学堂"。

民国元年(1912),湖南官立高等实业学堂改名为湖南公立高等工业学校。

1914 年,依照教育部《专门学校令》[①],正名湖南公立工业专门学校。

二、一位创办湖南省垣实业学堂及湖南土木、铁路、矿业及医学等早期实业教育的功臣——曹典球

曹典球,字籽谷,号猛庵。1877 年 7 月 29 日出生,湖南省长沙县人。家境贫寒,其父以缝工为业。曹典球四岁丧母,过继给远房伯父为子,六岁入私塾,后随养父学经史辞章。1895 年在长沙应试举秀才。

---

① 1912 年,民国时期教育部颁发了《专门学校令》。

曹典球青年时思想活跃，追求维新思潮，立志救国，曾在湖南当时有影响的刊物《湘报》多次发表具有新思想的文章。后入湖南时务学堂读书，其文章为主张变法维新的湖南巡抚陈宝箴、学政徐仁铸赏识。1898年举荐他应试北京经济特科，名列第一。此时，曹典球得识谭嗣同、唐才常、严复等人，书信来往甚密，投身戊戌维新运动，撰文倡导新学，主张"维新自强"以建立一个独立富强的中国。百日维新失败后，曹典球藏匿山中，经多方斡旋，出两百金才免于难。1900年7月，唐才常在武汉起义失败遇难，湖南巡抚俞廉三令郴州官府将曹典球逮捕。后得州官任国钧、防营统带徐先发为其掩护，方得以脱险。

1903年，曹典球任浏阳县立小学堂总教习。1904年，少年同窗好友熊希龄荐他为湖南西路师范学堂教习，兼常德府中学堂教习，随后又到湖南省垣实业学堂以及衡阳、长沙等各中学任教。执教之余翻译了日本崛田璋左的《外国地理讲义》。同时曹典球还编写了《朝鲜史》《安南史》《缅甸史》等书，被优级师范和中学使用，解决了当时学校史地课缺教材的问题。

1908年，曹典球任湖南省垣实业学堂(今中南大学前身)监督，在职四年，创办了矿业、土木、机械、化学、铁路等专科，为湖南高等工业专科教育打下了最初的基础。1910年起，还附设了专门培养中等实业学堂教员的实业教员讲习所。这样，该校成为湖南第一所多科性高等工业学堂。以至于清政府学部评论：中国自北洋大学堂外，工程学科未有如湖南省垣实业学堂之完善者。

1912年春，曹典球任南京政府教育部主事。同年秋，范源濂任北京政府教育部总长，委曹典球为教育部秘书。1913年被熊希龄委任为国务院秘书。曹典球不满袁世凯的所作所为，不愿在袁的政府内供职，自请离任。

1914 年初，曹典球任汉阳造纸厂厂长，着力恢复厂务，改造设备，聘请美籍工程师教习新技术，造出了多种优质纸张。袁世凯称帝后，曹典球辞职回湘，撰写了大量讨袁文章。讨袁胜利后，谭延闿第二次督湘，曹典球受谭之邀，组织湖南育群学会，与美国雅礼会合办湘雅医院和医学专门学校（今中南大学湘雅医学院），被推选为会长兼湘雅医学会董事部部长、干事部部长。

1923 年曹典球用自己多年积蓄创办文艺中学。同年夏曹典球任长沙市政公所总理，在职两年多，完成市环城马路的建筑。1926 年，湖南省政府主席唐生智委曹典球为省教育司司长。北伐开始后，任国民革命军第八军秘书长，参加北伐，蒋介石叛变革命后，唐生智东征讨蒋，曹典球为唐撰写讨蒋电文，失败后唐下野，曹典球亦去职。

1929 年，谭延闿委曹典球为湖南省政府委员，1930 年兼任湖南大学代理校长，曾出面营救毛泽东的夫人杨开慧，又安排杨开智在湖南大学图书馆工作，极力掩护毛岸英、毛岸青、毛岸龙三兄弟。出资租船，由保姆陈玉英将岸英三兄弟护送到武汉。1931 年底曹典球被任命为湖南省教育厅厅长，因撰写过讨蒋文章，被蒋介石强令何键免去其教育厅厅长和湖南大学校长职务。1934 年至 1935 年代理湖南省政府主席。1936 年省政府改组，被免去省府委员，乃专心办文艺中学，倡导"教育救国"，认为救国"要的是科学，要的是经济，要的是人才"，乃以育人为己任，并将六十大寿所得贺礼万余元全部用来建筑文艺中学的实验室和图书室。抗战期间，文艺中学由长沙迁宁乡、安化、湘乡等地，曹典球随同师生转徙流离。抗战胜利后，文艺中学迁回长沙，曹典球任校长兼任湖南大学中文系教授。

1949 年，曹典球帮助程潜做湖南和平起义工作，并常在湖南大学文艺中学师生中演讲，宣传爱国思想，策励学生为长沙和平解放做贡献。中华人民共和国成立前夕，曹典球获悉白崇禧逮捕了湖南

第七章　湖南工业专门学校

湖南省垣实业学堂（1903~1908）
湖南省官立高等实业学堂（1908~1912）
湖南公立高等工业学校（1912~1914）
湖南公立工业专门学校（1914~1926）

湖南矿产丰富，为有色金属之乡。清光绪二十一年（1895），巡抚陈宝箴设立湖南矿务总局，开采省内矿产。由于土法采掘，获利甚微。戊戌政变后，帝国主义乘机攫夺湖南矿利、矿权，至光绪二十九年底，收夺湘矿达 7000 余年，全省矿业几乎拱手让与外人，有识之士无不为争回矿权而奋起。

湖南地处南北要冲，修筑铁路势在必行。而当时道经湖南的粤汉铁路筑路权，则被美、比两国私相授受，直接侵犯中国主权。正如湖南绅商各界后来给两湖总督张之洞呈文说的："将来铁路所到之处，即权力所到之处，派兵保路，永无撤期，近路矿山，任其开采，必至为辽东铁路之续，贻祸何堪设想。"于是，在奋起争矿权之后，又奋起争路权。而要争矿权、路权，必须从培养自己的矿路人才开始，遂有实业学堂的筹建。

第一节　建制沿革

清光绪二十九年（1903），湖南矿务总局提调梁焕奎向巡抚赵尔巽条陈："国家富强在尽地利，而地利在矿。开采矿利在得人，非先育人才，无从阐发地藏。"赵尔巽采纳此议，

于同年冬创办省垣实业学堂。它是清末全国最早开办的三所实业学堂之一。实业学堂设矿、路两科，初借衡鉴堂作为讲舍，随着班次增加，校舍不够用，乃于光绪三十二年（1906），迁至小西门金线巷租赁民房。金线巷民房也狭窄，难期发展。其时，设在落星田的湖南高等学堂于光绪三十一年（1905）冬迁往岳麓书院，实业学堂乃就高等学堂旧址改建，逾年（1907）落成搬迁。

光绪三十四年（1908），湖南省垣实业学堂升为湖南官立高等实业学堂，增设机械科。宣统元年（1909），清政府农工商部将醴陵瓷业学堂拨给高等实业学堂为窑业科。次年，又开办应用化学科。

宣统二年（1910），清政府学部核准原省垣实业学堂开办矿路专科，"应即定名为高等矿路学堂"。（《湖南教育官报》第11期文牍第 26—27 页）但此时高等实业学堂除矿路两专科外，又已开办机械、窑业和应用化学三科，因此部令悬置，仍用原名。

民国元年（1912），湖南省官立高等实业学堂改为湖南公立高等工业学校。1914年，依照教育部《专门学校令》，正名湖南公立工业专门学校（以下简称工专）。1917年，湖南高等师范学校停办，工专迁入原高师校址，即岳麓书院旧址。但在高师停办时，省政府批准成立湖南大学筹备会，划出原岳麓书院御书楼、六君子堂及半学斋一片作保管高师所有教具、图书、仪器、标本等用。1921年，省政府决定将原高师校产全部拨给工专。

这一阶段演变情况略如图 2-7-1。

光绪三十二年（1906），考录戊班学生 50 余人，次年二月入学。又从游学预备科转来 30 余人，共 80 余人。游学预备系因上年（1906）公葬陈天华事件被封闭。学生一部分转入高等学堂，一部分转来实业学堂。戊班学生 80 余人于宣统元年（1909）选习矿业本科。次年十二月，因矿业本科使用英文原版教材，而该班学生英文程度参差不齐，有一部分人不能听讲，于是通过考试，将英文程度较好、年龄较小的 60 余人仍习矿业本科；其余 33 人拨入应用化学科。矿冶本科生于 1913 年毕业 59 人。

宣统三年（1911），高等实业学堂招收预科两班。1913年，湖南高等学堂停办，一部分学生转到这两个班学习，成为高等工业学校的矿冶科一、二班。毕业时一班 22 人，二班 34 人，共 56 人。

以上矿冶科（系）8 个班，毕业生共 404 人。

2. 路科——土木系

光绪三十年（1904），考录乙班学生 40 余人，为路科预科。至三十四年五月修业满 4 年，加习铁路科实习课程 1 年，升入高等土木本科。宣统三年（1911）毕业，共 14 人。淘汰率亦高，其原因与甲班同。

光绪三十一年（1906）考录丁班学生 60 余人，亦路科预科，民国元年（1912）毕业，有 56 人。升中等本科，为土木一班，民国四年毕业，仅 18 人。

民国以后，土木（路）科（系）4 个班，包括上述土木一班，毕业生共 104 人。

3. 机械科（系）

光绪三十四年（1908），高等实业学堂新设机械科，招生 70 余人，称己班，即其后工业专门学校机械一班，1914 年毕业 70 人。1914 年后，机械科（系）继续招生，包括一班在内

中南大学路科湖南学脉之渊源

（资料来源：《湖南大学校史》P98、99、107）

大学、湖南一师的进步学生，立即出面为之保释。是年8月5日，曹典球与唐生智等社会各界人士联名通电响应程潜、陈明仁和平起义。

中华人民共和国成立以后，曹典球任湖南人民军政委员会顾问，1955年任湖南省人民委员会参事，湖南省文史研究馆副馆长，第一届、第二届湖南省人大代表，第一届、第二届湖南省政协常委。

曹典球于1960年4月5日在长沙因病逝世，享年84岁。

三、湖南省垣实业学堂、湖南官立高等实业学堂、湖南省工业专门学校"路科"教育的师资背景

(一)1926年前"路科"的师资队伍情况

从湖南省垣实业学堂创办日起，1903年就开办了路科班。据相关史材记载，学校先后聘请了福建海军学堂毕业生翁幼恭、李昭文，郑允恭等为教习。1908年又聘请了美国人纪芬、伍德、孟良佐、何以德，英国人葛耐果礼，日本土木科毕业生颜庆连，德国土木科毕业生宾步程等为教习。

据史材记载，截至湖南工业专门学校时土木科正式教员已达15名：

姓名	籍贯	姓名	籍贯
龙毓峻	湖南攸县	高来亚	英国
龙铁英	湖南攸县	张熠光	(资料残缺)
久保田正继	日本	罗大纪	(资料残缺)
陈旭	湖南湘乡	许月川	(资料残缺)
刘震寰	湖南湘乡	吴思远	(资料残缺)
杨豹灵	江苏	易荣膺	(资料残缺)
陈赞廷	广东	郭宾	(资料残缺)
温其清	广东		

湖南公立工业专门学校

据史料记载，当时，湖南公立工业专门学校讲授理、化、采冶、土木、机械等学科的多是从国外聘请来的学有专长的外籍教师。

(二)两任工专校长

宾步程(1879—1942)，字敏阶，号艺庐。东安人，早年肄业两湖书院，以成绩优异被选派留德，入柏林帝国工业大学习机械。为欧洲同盟会分部发起人三人之一，归国后，任金陵机械局局长、粤汉铁路长株段工程师。在修建长株铁路时，技术独具卓见，使外国技师不敢借端勒索。1914至1924年任工专校长10年。锐意革新校政，聘请名师讲课，重视实验、实习，兴建实习工厂，自兼厂长，并亲自带领学生到外地实习。其所题"实事求是"匾额及"工善其事必利其器，业精于勤而荒于嬉"之对联，至今仍悬挂在岳麓书院讲堂之前。宾步程任工专校长期间，正是南北战争及湖南内部各派斗争频繁时期，教育经费十分拮据，教师几度罢教，他既不介入政治旋涡，又能殚精竭虑维持，使工专有所发展和提高，赢得了"中国南七省第一校"之誉。后任水口山矿务局长、黑铅冶炼厂长，与曹典球等创办明宪女子中学，创办《霹雳报》，担任湖南省政府委员、难民救济总署署长、省参议会参议员等。著有《艺庐言论集》《中国历代考工记》，稿已散佚。尚有《艺庐言论集》十卷传世。

杨茂杰（1889—1926），字少获。芷江人。留学日本、德国。柏林工业大学毕业，获工程师职称。回国后，任工专校长、湖南大学行政委员会委员。亲自参加测量岳麓山地形，规划校区，上至赵州港、半边街，下至麦子园，西至牌楼口，东至禹王碑，由省政府核定公布。终因操劳过度咯血病逝。

四、湖南省垣实业学堂、湖南官立高等实业学堂、湖南省工业 专门学校"路科"的课程设置

根据光绪三十年（1904）公布的《湖南省垣实业学堂章程》：本学堂教授之旨，以振兴实业，造成机械、采矿、冶金、应用化学、土木、电学各种人才为鹄（章程第一条）；教科分预科、本科二科。预科修业三年本科修业三年（章程第二条）。

光绪三十四年（1908），湖南官立高等实业学堂，创办高、中两等矿、路本科。中等本科的学制为5年，高等本科为3年。"以授高等工业之学理技术，便将来可经理公私工业事务，及各局厂工师，并可充各工业学堂之管理员、教员为宗旨。"

光绪三十四年（1908）五月，路科预科班修业满四年，加习铁路科实习课程一年，升入高等土木本科。

从省垣实业学堂到工业专门学校，教学管理正规，课程开设比较齐全。在教学中一贯重视外语、数学、理化等基础学科，重视试验室、实习工厂的建设，重视学生的试验、实习基本技能训练，采用的教材除国文、伦理及史地外，大都采用英文版教科书。为了提高新生的入学质量，高等实业学堂、高等工业学校、工业专门学校都开办了预科或特科，招收中学毕业生，主要是讲习外语、数学、物理、化学等课程。此一阶段，土木工程科的课程设置如下：

《省垣实业学堂章程》规定预科课程是：国文、伦理、历史、地理、外国语言文字、数学、博物、理化、图画、体操10门。还规定：以英文为主，别设日本文为兼修科，其不能兼修者听。按课时数，每周36小时。假日则有孔子圣诞生日、万寿日、端午节3天、中秋节3天及暑假、寒假各30天，还有星期日为休息日。

高等实业学堂成立之初，考虑到英美长于采矿，法国长于筑路，乃在预科四个班中，甲丙班习英文，乙丁班习法文。后因法文教员不易聘请，同时清政府学部札饬高实："高等本科应改习英文。"于是，乙丁班也改为习英文。

高等实业学堂土木本科课程：国文、英文、微积分、解析几何、物理、化学、测量学、地质学、力学、施工法、材料强弱学、道路、铁路、桥梁学、机械工学、电气工学、水力学、计划及制图、实习等。

公立工业专门学校土木课程，仅据现有资料记载，共开设微分、积分、测量学、地质学、力学、建筑工程学、材料强弱学、桥梁学、机械工学、电气工学、水力学、计划及制图、实习等13门课程。

五、严格的考试制度与完备的实验室建设

考试作为教学工作的重要环节，又是检查教学质量与学风的重要手段。湖南省垣实业学堂《章程》规定：考试分月考、期考、卒业考。期考前停课一周，卒业考前停课二周，已备温习。考试因故未到，经学堂总理许可后可补考，但分数减去十分之二。实验教学对提高教学质量，培养学生动手能力起着十分重要的作用。从1905年高等实业学堂土木班时期起，学校从东洋购置机器仪器，增建各科实验场室，聘用日本人久保田正继任工程实习，购置经纬仪、水准仪、平板仪等，机械咸足，供学生分组实习之用。当时学部评论：中国自北洋大学堂外，工程学科未有如湖南省垣实业学堂之完善者。

六、湖南省垣实业学堂、湖南官立高等实业学堂、湖南省工业专门学校"路科"教育的学生培养情况

1. 学生入学、毕业情况

光绪三十年(1904)，考入乙班(路科班)学生40余人，为路科预科。至三十四年五月修业满4年，升入高等土木本科，宣统三年(1911)毕业，共14人(由于治学严谨淘汰率很高)。

光绪三十一年(1905)考录丁班学生60余人，亦为路科预科，民国元年(1912)56人毕业，升入中等本科，为土木一班，民国四年毕业，仅18人。

1912年以后，土木(路)科4个班包括上述土木一班，毕业生共104人。

垣实业学堂至工业专门学校"路科"毕业生人数统计

时期	班别	人数	入校日期	毕业日期	备注
高等实业学堂	高实二班土木本科	14	1905 年	1911 年	包括预科三年在内原有 40 余人
	高实四班土木本科	56	1906 年	1912 年	包括预科三年在内原有 60 余人
湖南公立工业专门学校	土木一班	56	1911 年	1915 年	原有 18 人
	土木二班	12	1921 年	1926 年	原有 38 人，以湖南大学专门部土木科名义毕业
	民十九级	17	1923 年	1930 年	湖南大学成立前入学，以湖南大学名义毕业
	民二级	12	1924 年	1931 年	

2. 杰 出 学 生

刘岳厚（1892—1970），字子奇，醴陵人。湖南高等工业学堂土木科毕业。1929 年起历任湖南公路局工程师、总工程师、局长，对路政有建树。经何键力举，负责国民党务工作，同派开展针锋相对的斗争。何键去职后，长期赋闲。1948 年任长沙绥靖公署秘书长，向程潜提出和平起义建议，并两次到香港商谈起义事宜。中华人民共和国成立后，任中南军政委员会参事、民革中央团结委员、民革湖南省委常委、省人大代表、省政协常委。

欧阳镜寰（1891—1937），原名欧阳祁。宁乡人。1913 年考入高等工业学校土木科第一班。毕业后，主持修建潭宝公路，获全国最优公路称誉。修建长平公路箬岭 3 孔 32 米悬崖跨度线大桥（俗称天桥），为国内首创。任省公路局总工程师，亲自参与勘测由沅陵至茶洞的湘川线，后来湘川公路成为抗日战争时期运输要道之一。后冒酷暑修建长沙高射炮台，积劳成疾殉职。

周凤九，工专 1911 年土木一班毕业生。1926 年投身公路建设事业，1946年被选为中国土木工程学会副理事长，中华人民共和国成立前夕在其私宅与中共地下党联系人秘密召开会议，共商护路护产大计，为迎接解放做出了重大贡献。中华人民共和国成立后，历任中南交通部计划处处长、华南公路修建指挥部总工程师、中央交通部技术委员会副主任、交通部公路总局副局长兼总工程师，曾当选湖南省第一、二届人大代表，全国政协委员，是全国公认的公路权威。

七、1926 年前湖南高校土木科历任主任

高来亚(英国)、吴思远、易荣膺等。

(由于资料不全，上述各项均有遗漏。)

第二节　1926—1953 年湖南大学土木工程学院(系)

一、湖南大学成立

1925 年 11 月 6 日，省政府决议正式成立湖南大学筹备会。10日，组成湖南大学筹备处，在戥子桥法专办公。11 日，赵恒惕令拨三专校(湖南省工业专科学校、商业专科学校、法政专科学校)及前岳麓书院一切产业为湖南大学校产，并拨三专校经费为湖南大学经费之一部分，统筹补齐，以其开办费为 20 万元组建湖南大学，划定湖南大学学区学界，同时，正式颁布省议会通过的《湖南大学筹备办法》。《办法》规定："大学应设文、农、工、商、法五科""其工、商、

法三科就现有公立工业、商业、法政三专门学校改组办理"。

　　1926年2月1日，湖南工业、商业、法政三所专门学校合并，正式成立省立湖南大学。

被日寇轰炸前的湖南大学图书馆

　　而后，胡庶华任湖南大学校长期间，以"经费全恃省款，财力有限，欲求学校发展，困难殊多"为由，与教育部长王世杰和省教育厅长朱经农数度商议，请改省立为国立。教育部派员来校视察，认为湖南大学师资力量较强，图书仪器设备均有一定规模，教学质量且为全国省立大学之冠，具有改为国立的条件。

　　1937年7月7日，国民政府行政院发布第1497号指令正式通知湖南大学改为国立湖南大学。

二、1926—1953 年湖南大学土木工程学院(系)的师资情况

1. 1926—1953 年在湖南大学土木工程学院(系)任教的部分教师名单

俞亨、柳克准、肖光炯、柳士英、李廉锟(后调入长沙铁道学院)、刘敦桢、唐艺菁、何之泰、周凤九、俞征、盛启廷(后调入长沙铁道学院)、王正本、张烈、刘旋天、蔡泽泰、王正己、余籍传、莫若荣、陈毓焯、文志新、易修身、谢铮铭、宴文松、黄作民、李尔昌、赵煜文、石琢(后调入长沙铁道学院)、周行、谢世澂(后调入长沙铁道学院)、蔺传新、殷之澜、王浩(后调入长沙铁道学院)、万良逸、李森林、刘伯善、彭肇藩、刘垂棋、石任球、邱逸、汤荣、徐思铸、王学业、付琰如、邓康南(后调入长沙铁道学院)、郑君翘(后调入长沙铁道学院)、王修宷、黄学诗、王有群。

2. 此阶段湖南大学教师的资质

此阶段湖南大学聘请教授比较注重学历和学术上的成就。绝大部分教授都是留学归国和学有所成的;讲师通常是由留校助教工作几年之后卓有成绩或者出国留学回校后才提升的;助教则大部分是毕业留校的高才生。聘请教授还注重应聘者的工作经历,他们大都在别的大学担任过教授或者在工程技术部门担负过主要工作。有些兼职教授则是直接从政府机关和厂矿中聘请来的。如何之泰、俞亨、刘敦桢、柳克准等来湖大前,分别是美国、日本、法国留学回国或在国内名校担任过教授,或在路、矿和国外工厂担任过工程师或技师。

3. 此阶段在湖南大学土木工程学院(系)任教的教授有

肖光炯、柳士英、唐艺菁、周凤九、盛启廷、刘旋天、张烈、李廉锟、黄志尚、刘乾才、蒋德寿、柳克准、王正己、蔡泽奉、俞征、曹国琦等。

副教授有：莫若荣、文志新、陈毓焯等。

4. 此阶段在湖南大学任教过的著名教师

何之泰(1902—1970)，浙江龙游人。本科毕业于河海工科大学，美国康奈尔大学土木工程硕士和爱荷华大学水利博士。1934 年发表《河底冲刷流速之测验》，提出了泥沙起动流速公式。1937 年任浙江省水利局局长。1938 年后在南京大学、北洋工学院、武汉大学等校任教授。湖南大学水利系主任、工学院院长。中华人民共和国成立后，任长江流域规划办公室副总工程师，创建长江水利水电科学院，任院长，并领导该院解决了许多工程疑难问题。

柳克准，字平叔。长沙人。美国威斯康星大学土木科学士。历任株萍铁路工务处长、南京河海工科大学教授，湖南大学教授、土木系主任、工学院院长。

俞亨，字甫通。江苏无锡人。美国康奈尔大学土木科硕士。历任湖南大学教授、土木系主任。

萧光炯(1890—1983)，字鉴秋。新邵人。1910 年考入湖南省垣实业学堂土木本科，1915 年毕业后在湘雅医院从事土建工作，后赴江西勘测矿山，经江西省主席姜寰提保，与周凤九等四人赴法勤工俭学，后考入比利时岗城大学，攻土木工程，获工程师职称。1926年冬返国，先任湖北省建设厅技正监汉宜公路总工程师，后回湘任湖南公路局总工程师，主修衡郴公路，1929 年春任湖南大学教授，直到 1959 年退休。先后兼任湖南大学土木系主任、总务长、教务长、图书馆馆长等职。开设过多门课程如测量学、工程制图、桥梁工程、砖石结构、河海工程、公路工程、材料试验，并创建材料试验室。

刘敦桢(1897—1968)，字士能。新宁人。1913 年获公费留学日本，1921 年毕业于东京高等工业学校建筑科。回国后，先后任职于华海建筑师事务所、苏州工业专门学校。1926 年任湖南大学土木系教授，并设计了湖南大学二院。1928 年参与创设中央大学工学院建筑工程系。他矢志研究中国古代建筑，1931 年夏赴北平任中国营造学社研究员及文献部主任，遍访中国著名古建筑遗址，开拓研究新领域。抗日战争爆发，辗转经湘、桂、滇入四川南溪李庄中国营造学社。1943 年重返中央大学，任建筑系主任。1945 年随中央大学返回南京，任工学院院长。1952 年任南京工学院建筑系教授兼系主任。其间多次出国访问，并任建筑科学研究院建筑历史理论研究室副主任、中国建筑学会常务理事、第三届全国人大代表。1955 年，任中国科学院技术科学部委员，是我国古建筑史学的开拓者和奠基人之一。1956 年加入中国共产党。著有《中国古代建筑史》(主编)、《苏州古典园林》、《中国住宅概说》、《刘敦桢文集》、《大同古建筑调查报告》、《清文渊阁实测图记》、《汉代建筑式样与装饰》(与梁思成、鲍鼎合著)等，辑有《中国建筑史参考图》。

周凤九(1891—1960)，原名周祺。宁乡人。1915 年湖南高等工业学校毕业。1920 年赴法勤工俭学，入巴黎土木建筑学校，毕业后复赴德国柏林大学和比利时岗城大学进修。1925 年回国，任楚怡工业学校土木科主任，并在湖南大学兼课。1926 年后，投身公路建设事业，亲自勘测、选线、设计，为我国公路建设做出了巨大贡献。例如 1934 年长沙平江公路的箬铺岭，采用环形路线，修建高 10 余米的天桥，跨本线旋上，解决了坡度过大的难题；1935 年湘黔公路常德沅陵段，外国专家扬言要 30 年才能修通。周选定经济合理的路线，仅用两年完成；1936 年修建川湘公路，能滩河不能修墩建桥。周设计了跨径 80 m、高 20 m 的悬链式吊桥。这三项工程，当时均为首创。至 1949 年，周任职至省公路局总工程师、局长，国家公路总局副局长，并被选为中国土木工程学会副理事长。1949 年辞职回湘，任湖南大学教授，并参与了护路保产，为迎接解放做了贡献。中华人民共和国成立后，任职至交通部公路总局副局长兼总工程师，曾当选湖南省第一、第二届人大代表，全国政协委员。

盛启廷，字锡山。湘阴人。美伊利诺伊大学土木本科学士、美国石岛铁路公司及威斯康星省公路局工程师。回国后任湖南大学教授。

李廉锟(1915—2011)，湖南长沙人，中共党员。1940 年毕业于清华大学土木系获学士学位，1944 年毕业于美国麻省理工学院研究生院土木工程系并获硕士学位，继续研读博士学位。1946 年 9 月回国后任前国立湖南大学土木系教授，1950 年 9 月升任土木系主任。(1953 年调入长沙后，先后担任中南土建学院、湖南大学、长沙铁道学院教授。)主要担任结构力学教学工作，曾与教研组同志们合编有《结构力学》，该书经高等教育出版社先后出版，为高等学校统一教材之一。后致力于结构动力学(偏重于桥梁振动)的理论研究及试验仪器的装置工作，编写了大量铁建专业急需的结构动力学教材。

三、1926—1953 年湖南大学土木工程专业的课程设置

由于资料残缺，本节仅以 1932、1933、1941 三年为例，已经能见出当时土木工程系的课程设置原则：一年级开出基础课，二年级开出技术基础课，三、四年级开出专业课，除必修课外，还需修本系几门其他课程。

1932 年度必修课：测量(应用天文、大地测量)、画法几何、应用力学、材料力学、材料实验、工程材料、水力学、水利实验、构造工程、铁路工程、公路工程、建筑工程。

选修课程：高等桥梁理论、水利工程、铁路保养、铁路号志、铁路计划、公路拱桥、公路钢桥、城市计划、建筑工程(房屋设计、工厂建筑、自然画及图案画、中国营造法)、机构学、建筑史。

1933 年度土木工程系课程设置

一年级上期			一年级下期		
学程	学分	时数	学程	学分	时数
微积分(一)	3	4	微积分(二)	3	4
物理(一)	3	4	物理(二)	3	4
物理实习(一)	1.5	3	物理实习(二)	1.5	3
无机化学(一)	3	4	无机化学(二)	3	4
化学实习(一)	1.5	3	化学实习(二)	1.5	3
测量(一)(平面测量)	5	3	测量(一)	5	8
英文	3	4	英文	3	4
合计	20	25	合计	20	30
二年级上期			二年级下期		
学程	学分	时数	学程	学分	时数
球面三角	2	2	地质学(三)	2.5	2
物理(三)	3	4	画法几何(一)	2	3
最小二乘式	2	2	测量(四)(应用天文)	3.5	5
铁路工程	4.5	6	铁路工程(二)	4	4
应用力学(一)	3	4	应用力学(二)	3	5
定性分析	2.5	4	结构工程(一)	3	6
工程实习(一)	1.5	3	工程实习(一)	1.5	3
德文	3	4	德文	3	4
合计	21.5	29	合计	22.5	32

续上表

三年级上期			三年级下期		
学程	学分	时数	学程	学分	时数
水力学	3	4	冶铁学	2.5	2
材料力学	3	4	力学实习	2	3
结构力学(二)	3	4	材料力学	3.5	5
建筑工程(一)	4	4	结构工程(二)	4	4
公路工程(一)	4	4	建筑工程(二)	3	5
机械制图(三)	1.5	3	热动机(五)	3	6
工场实习	1.5	3	机械制图(六)	1.5	3
			工场实习(四)	3	4
			材料实习(一)	20	32
合计	20	26	合计	21.5	32
四年级上期			四年级下期		
学程	学分	时数	学程	学分	时数
工业薄汇	2	2	工业经济及管理	2	2
电气工程大意	4.5	5	结构工程(五)	3	6
结构工程(四)	3	3	工程材料	2	2
材料实习(二)	1.5	3			
合计	11	13	合计	7	10

除以上必修课程 141.5 学分外，必须照下列规定，至少选本系五学程：

1. 注重桥梁者，选画法几何二，2 学分，构造工程七、八、九(钢板桥计划、铁路钢桥计划、高等桥梁理论，共 9.5 学分)，公路工程二三(公路拱桥、公路钢桥及木桥，共 7 学分)。

2. 注重水利者，选测量五(大地测量及水道测量，3.5 学分)，水利工程一至六(给水工程、河道工学、水文学、灌溉工程、沟渠工程、水利机械工程，共 20 学分)。

3. 注重建筑者，选画法几何二，2 学分；建筑工程四至七(工厂建筑、自然画及图案画、中国营造法、内部布置及装潢)共9学分；构造工程六(木架屋顶)1.5学分，卫生工程及水利工程(沟渠工程)3.5学分。

4.注重市政者，选画法几何二，2学分；测量五(大地测量及水道测量)3.5学分；市政计划，3.5学分；公路工程二、三(公路拱桥、公路钢桥及木桥)共7学分；水利工程一、五(积水工程、沟渠工程)共6.5学分。

5.注重铁路者，选铁路工程四、五、六(铁路保养、铁路号志、铁路计划)共9.5学分；公路工程二、三(公路拱桥、公路钢桥及木桥)共7学分；构造工程七、八(钢铁桥计划、铁路钢桥计划)共5学分；机械学一，3学分。

20世纪40年代，增加了房屋契约及规范，水利组增加了水力发电工程，建筑组增加了建筑史、近代建筑等，其他没有大的变化。

中华人民共和国成立以后，根据"暂维现状，逐步改革"原则，专业课基本上是沿用不变，全校一致取消了三民主义课，工科以辩证唯物论与历史唯物论、新民主主义论为共同必修课。每人限修一门外语。

1941年度土木工程系课程设置

学年	性质	课程名称
第一学年	必修	国文、英文、微积分、物理、物理实验、化学、化学试验、工程画、工场实习、三民主义、体育、军训
第二学年	必修	应用力学、平面测量、工程材料、地质学、热工学、电工学、材料力学、平面测量实习、材料试验、水力学、微分方程、机动学、体育、军训
	选修	德文(一)

续表

第三学年	必修	大地测量、大地测量实习、结构学、钢筋混凝土原理、铁道工程、水文学、道路桥梁学、电工试验、结构计划、铁道测量及土方(讲习)、道路工程、土木结构及基础、电工学、水利试验、应用天文、体育
第四学年	各组共同必修	钢筋混凝土计划、实业计划、房屋契约及规范、毕业论文、体育
	结构组必选	高等结构学、钢结构计划、钢筋混凝土拱桥计划、钢桥计划
	水利组必选	灌溉工程、水工计划、水力发电工程、都市给水、河工学、污水工程、运河工程
	路工组必选	高等道路工程、养路工程、道路计划、铁道号志、隧道工程、铁道管理、铁道计划、钢桥计划
	建筑组必选	建筑史、钢骨混凝土房屋、公用建筑、建筑图案、近代建筑、施工实习、内部装饰计划、市政工程、卫生工程

四、1926—1953 年湖南大学土木工程学院(系)人才培养情况

1. 毕业生人数

1926 年省立湖南大学成立时全校本科学生 251 名,特科预科学生 326 名,其中工科土木工程专业 41 名;临近毕业的原工专 3 个班土木系 12 名。

1953 年前湖南大学土木工程专业毕业生人数统计表

毕业年	人数
1930	17
1931	12
1932	22
1933	12
1934	19
1935	22
1936	15
1937	28
1938	26
1939	18
1940	18
1941	9
1942	24
1943	24
1944	17
1945	26
1946	24
1947	16
1948	38
1949	33
1950	28
1951	45
1952	134
1953	152
合计	779

上述数据出自《湖南大学校史》与湖大土建院有关资料。

2. 杰出学生

中华人民共和国成立前的湖南大学土木工程专业为新中国的建设培养了许多杰出人才。

原任湖南省交通厅副厅长成从修系湖南大学土木系 1933 年毕业生。曾先后就职于湖南大学、中南土木建筑学院的肖光炯、俞征、王正本教授等都先后毕业于湖南大学土木系。曾被国家建设部以[90]建设字第 433 号文件审定公布为全国百名设计大师的王昌帮系湖南大学土木系 1934 年毕业生。

1952 年被评为甘肃省首届劳动模范的陈永雪系湖南大学土木系 1939 年毕业生。

1948 年毕业于湖南大学土木工程系的张周育，曾是美国加州地震安全协会高级工程师，加州交通部高级工程师，美国交通研究协会、全国研究协会、国家科学院的会员，曾获得北加省工程师协会联合会最佳工程师奖，他发明的"钢筋土"代替传统的钢筋混凝土受到世界的重视。

彭样松，长沙人。1947 年考入湖南大学土木系，先后在辽宁本溪钢铁公司、本溪市政府、辽宁省政府等单位工作。历任基建副总工程师、副市长、副省长、辽宁省政府副主席等职。在本钢工作期间，获冶金部和全国科技大会重大科技成果奖。

成从修，宁乡人。1931 年毕业于湖南大学土木工程系。任至公路总局汉口二区局副局长兼总工程师、长沙办事处主任。中华人民共和国成立后，历任湖南省公路管理局副局长兼总工程师，湖南省交通厅副厅长兼总工程师、技术顾问、高级工程师，农工民主党湖南省委常务副主任委员、湖南省人民委员会委员、省人大常委、省政协常委。著有《高速公路路线设计》《人生系统工程初控》。

李芬(1911—1961)，邵东人。1936年湖南大学土木系毕业，后在湘黔、京赣、黔桂等铁路工作，任黔桂铁路局设计课长、段长。20世纪50年代初任教于唐山交通大学，在荆江分洪工程中创造性地设计了新闸门，缩短了工期，节约了材料，提高了质量，获得了特等劳动模范的称号。以后在武汉长江大桥建立、南京长江大桥的设计施工中都做出了重大的贡献。由于操劳过度，英年早逝。与李薰、李宓是同胞兄弟，都在湖大工学院学习，均成绩优异，被称为"李氏三杰"。

五、1926—1953年湖南大学土木工程学院(系)的院长(主任)

1. 省立时期

1926年，土木系主任俞亨；
1930年，土木系主任柳克准。

2. 国立时期(1937—1953)

土木系主任分别是：柳克准、肖光炯、柳士英、李廉锟。

六、1926—1953年湖南大学土木工程学院(系)学科、学位及教材建设概况

1. 学科

自湖南省垣实业学堂起，土木路科就是重点创办建设的重点专业。1926年成立湖南大学后，土木系逐步发展。1929年，土木系开

始分设路工、结构、建筑、水电四组。

2. 学位

湖南大学土木路科也是湖南高校中最早授予学位的学科之一。早在 1930 年，湖南大学民十九级 17 名路科学生学成毕业，经教育部核实批准，授予学士学位，为湖南省高校给学生授予学位最早的专业之一。此后，湖南大学的土木路科毕业生均授予了学士学位。

3. 教材

中华人民共和国成立前，教学组织与教学方法都是学习欧美的一套方式。所用教材也基本上采用欧美各大学所用教材，教授课程也几乎全用英文，所以同学们都具有相当高的外语水平。从开出的课程可以看到，基础扎实、专业面广，同时理论联系实际，学生经常进行各种实习和去工地现场参观，毕业后，能适应土建方面各部门工作的需要，总的教学质量是很高的。

解放初期，基本维持原状。只是在教科书方面，教师们开始逐渐改用翻译本或自编教材讲义。另一方面，采用部分苏联教材，如湖南大学土木工程系的几位教授就亲自编写过下列几本教材。

俞征：《希腊建筑历史的研究》《二十世纪欧美新兴建筑之趋势》。

周凤九：《涵洞桥梁学讲义》

蔡泽泰：《湖南大学科学馆建馆工程说明书》。

蒋德寿：《横梁之挠曲》。

七、1926—1953 年湖南大学土木工程学院(系)的学生实习

重视学生的实习、实践,是湖南大学土木工程专业教学系统工程中不可或缺的一项传统环节。解放初期,百业待兴,虽然政府当时下拨的专项经费极其匮乏(每个班只有 750 公斤大米),但师生们仍然坚持克服困难,例行艰苦实习。这种精神,从 1951 至 1953 年土木系师生的实习情况中便可窥见一斑。1951 年 10 月,土木系四年级学生 21 人、助教 2 人,由讲师王有群带队参加治淮工程,被分配到商丘老黄汛区进行 8 条河道的疏灌、测量及施工工作,历时 10 个月,于 1952 年 7 月返校。1952 年 3 月,土木系三年级学生 27 人、教师 2 人,由讲师晏文松带队,参加荆江分洪工程,历时 4 个月,于 7 月返回长沙。

八、1926—1953 年湖南大学土木工程学院(系)实验设备情况

仅以 1933 年为例,湖南大学土木工程系实验仪器设备便充足。

1. 测量器械室

经纬仪 17 部,水平仪 12 部,平板仪 10 套,天文测量仪 3 部,罗盘仪、六分仪等 10 余种,测量附件及用具 100 余件。价值 4 万余元。

2. 材料实验室

1933 年新建材料实验室,占地 83.61 m²。有新购 35 吨电动万用材料试验机 1 座及其他机件等。有分坅工及金属材料 2 部,其中关于水泥及混凝土材料试验器械均为自制。重要机件:洋灰瓶蒸煮

箱，混凝土调水量试验器，标准节，维卡计，巴美式标准捶打机，张森氏比重试验瓶，李氏比重瓶，铺路砖辗转试验机，大小天平等。

早期湖大俯瞰图

3. 水力实习室

1933 年设置水力实习室，占地 185.8 m²。有各种水力实习设备。(水文测量及水力实习部分略)

4. 桥梁模型陈列室

1933 年辟桥梁模型陈列室，有铁路钢桥模型 2 座、公路砖石拱桥模型 12 座、水力堤坝模型 4 座。

尔后逐年发展，土木工程系测量仪器工具增加至约 356 件，包括经纬仪、水平仪、平板仪、远镜照准器、望远镜、日式照准器、六分仪、气压表、测斜仪、求积仪罗盘等，材料试验仪器共约 23 件，工程模型 77 件。所有模型均系自制。计有公路桥 14 座，水坝 2 座，桩锤 3 个，铁路桥 6 座，船闸 4 座，铁道 2 座，涵洞 5 座，水槽 1 座，交叉道2座,拱模5个,水龙头1个,地球仪1座,桥台5座,房屋4座,天球仪2座,桥墩3座,屋架4座,桥梁活体2个,房屋钢筋1座,过水桥1座,铜烟囱1座,水坝桥1座,打桩机2座。

此外,当时土壤试验室及道路材料试验室均在筹备中。

1944年,测量仪器室、材料实验室、水力实验室的设备情况:

测量仪器室:天文望透镜1架、天文经纬仪2部、经纬仪17部,水平仪12部,平板仪10套,罗盘仪4具,手持东平仪2部,单筒大望远镜1具,六分仪2具,十字仪2具,测斜器3具,流速器2具,以及风力计、气压表、水积器、缩图仪、大绘图仪器、测量附件及用具等多件。

材料实验室:35吨万用材料试验机1座,承压式压力试验机1部,铁丝扭力试验机1部以及试用金属材料等附件,试验水泥机械全套。

水力实验室:深水电动流速仪一具,寻常流速仪二具,水塔一座,打水枫部以及汽轮式水表、圆饼式水表、汽机式水表、毕托管、低水压计、钩式水面计、立止计时表等多件。

中华人民共和国成立之初几年,设备更是逐年有所增加。中南土木建筑学院在原来的建筑材料、土壤、测量、热工、电工、物理、化学等7个实验室及1个机械实习工厂之外,陆续增设水力实验室、材料力学实验室、沥青材料实验室、建筑物理实验室、施工实习工厂、道路实验室、露天建筑工场、建筑结构实验室、铁道线路构造及业务实验室、地质实验室、给水排水实验室、采暖通风实验室等。此外还设立了铁道和工程画模型室。

九、1926—1953 年湖南大学土木工程学院（系）学生的科研活动

湖南大学土木工程学院（系）一直重视学生的科研活动。早在1929 年学校便发布了《改进湖南大学方案，为增进教学效能，提高学生程度的决定》及《褒奖平日成绩优良或研究着卓有成绩之学生》等文件。特别是学校在平日教学活动中引导学生开展科研工作，对提高学生质量、做出研究成绩起了良好的作用。因此学生中的研究心得和创造发明不少，如李芬的《土方测量问题之研究》，喻古弼的《无轨列车理论》《无轨列车实验报告》《无轨列车之经济研究》等都是具有独到见解的研究心得。土木系还成立了土木工程学会，不定期出版《土木通讯》。学会还设置了读书会，订购各种工程杂志，研究古今中外著名建筑，寻求符合中国实际的建筑方法。

第三节　湖南大学土木工程学院师生的两度调遣

一、1953 年全国第二次院系调整，湖南大学土木工程系师生员工全部调入新组建的中南土木建筑学院工作和学习

调入中南土木建筑学院的教授、副教授、讲师名单：
教授：
刘旋天（工业与民用建筑）、李廉锟（工业与民用建筑）、肖光炯（工业与民用建筑）、柳士英（工业与民用建筑）、周行（工业与民用建筑）、盛启廷（铁道建筑）、石任求（物理）、汤荣、朱皆平。

副教授：

蔺傅新(工业与民用建筑)、文志新(工业与民用建筑)、刘德基(铁道建筑)、莫若荣(汽车干路与城市道路)、陈毓焯(汽车干路与城市道路)、刘伯善(高等数学)、彭肇藩(高等数学)。

讲师：

刘垂琪(高等数学)、郑君翘(物理)、邱毅(化学)、雷理(工业与民用建筑)、彭秉樸(普通物理)、方龙翔(化学)、熊大瑜(俄文)、单先俊(体育)、方季平(体育)、魏永辉(工业与民用建筑)、昌文松、甘恭宗、江友松、王友群、范杏祺。

另有曾理、杨慎初、黄善言、皮心喜、杨煜惠、王承礼、华祖焜、余珏文、杨承愻、陈映南、王远清、张炘宇、俞籍荣、荣崇禄、廖智泉等48名助教。

二、1959年，中南土木建筑学院解体，"铁三系"(铁道建筑、桥梁与隧道、铁道运输)师生员工及部分公共课教师调入新组建的长沙铁道学院

调入原长沙铁道学院的原湖南大学土木工程系教师有：

教授：

李廉锟(结构理论)、郑君翘(物理)、盛启廷(铁路线路设计)。

讲师：

王承礼(桥梁)、徐名枢(桥梁)、张忻宇(结构理论)。

助教：

华祖焜(桥梁)、余钰文(材料力学)、荣崇禄(材料力学)、杨承愻(施工)、廖智泉(铁路线路设计)。

第二章　中南大学路科溯源之
武汉大学土木工程系

第一节　武汉大学土木工程系的创建与发展

一、土木工程系的创建

武汉大学是一所有一百多年历史的老学校。它的前身是成立于 1913 年的武昌高等师范学校，1924 年 9 月改名为武昌大学。1928 年，民国政府决定彻底改组武昌中山大学，组建国立武汉大学。

1928 年 8 月 6 日，南京国民政府大学院(后改为教育部)院长蔡元培任命刘树杞为国立武汉大学代理校长。

1929 年 5 月，新任校长王世杰到职。王世杰校长在初来武汉大学时，"经深思熟虑后，认为不办则已，要办就要办一所有崇高理想、一流水准的大学。""应当办一所有六个学院——文、法、理、工、农、医规模宏大的大学。"

1929 年 3 月，经评议会(其成员由校内外知名专家教授和部分官员担任)议决：学校设立理、工学院；工学院设土木工程学系、机械工程学系、电机工程学系。自此，土木工程学系正式成立。1931年10月至1933年11月，系主任由邵逸周教授兼任；1933年11月至1938年8月，系主任由陆凤书教授担任。

1953年的武汉大学校园全景，照片中可见正在施工的工学院和法学院

据武汉大学1933年档案资料(《工学院概况》)记载：武汉大学工学院创始于民国十八年(1929年)。创立之初，只设有土木工程学系，1929年招收土木工程学系第一班学生，1933年土木系第一班毕业。1933年增设机械系并招收机械系学生一班。其时共有土木工程学系一、二、三、四年级学生4个班，机械系一年级学生1个班。

二、土木工程系的课程设置

武汉大学工学院土木工程系所设课程，原理及实用并重，以造成富于工程常识之专门人才为原则。本着此原则，工学院土木工程系在1929—1933年这4年中，一方面建立了系图书室，购买了各国工程学会年刊杂志等；另一方面，对工厂及实验室之设备，力图充实。其时，已完成者有水利实验室、材料实验室、电机实验室及金工厂、铸工厂、锻工厂、木工厂，各可供学生二十余人同时实习之用。

从上述可见，土木系自创建始，便是工学院最重要的科系。

武汉大学成立初期的十年中，在教育部未做硬性规定的比较宽松的条件下，课程设置强调基础和应用相结合。1929—1933 年的课程设置分三个段落：一年级注重共同相关的基础，二、三年级注重本系的必修科目，四年级注重高深的理论及特殊的应用。

土木工程学系课程一览表(1929—1933 年)

第一学年	第二学年	第三学年	第四学年
基本英文	微分方程式	电工学	结构计画
微积分	地质学	电工实习	河工学
普通物理学	应用力学	市政工程（Ⅰ）	市政工程
物理实验	材料力学	市政工程（Ⅱ）	自来水工程
普通化学	热力发动机	结构学	海港工学
化学实验	测地学及应用天文	结构计划	灌溉工学
机械画	测量实习	铁道工学	高等构造
画法几何	最小自乘方	铁道测量	高等桥梁计画
机械制造学	水力学	钢筋混凝土	钢筋混凝土屋计画
工厂实习	水文学	道路学	铁道管理
	构造材料	石工学	电工学
		水利实验	电工实验
		材料实验	水力机

另加：暑期铁道测量实习(三学年)，暑期测量实习(二学年)；选科：第二外国语、图算法、应用数学等。

由上表可见，在注重质量的同时，课程几乎年年有所增添，课程设置一步步地臻于完善和系统化。

因为学校特别注重英语教学，从1930年起，把"基本英文"规定为全校一年级学生的必修课，若第二学年仍不及格则不准升级。按照当时校长王世杰的指示："加强英语教学，是想本校本科学生经此项科目及本系中其他科目之训练，能得到阅览西书的完全自由。"王世杰校长还强调："所谓求学的能力，当然包含方法和工具两个要素。所谓方法的训练，就是养成科学的头脑；所谓工具的训练，就是增进语言文字的知识。"

在教材的使用方面，土木工程系所在的工学院当年为学生开设的38门课程中，有33门课程使用国外原版教材。经过系列的强化训练后，工学院(包括土木工程系)学生的毕业论文，几乎全是用英文写成的。

三、土木工程系的师资

国立武汉大学一直重视师资队伍的建设。

1933年，全校教授71人，其中获得英国、美国、德国、法国博士或硕士学位的共计41人，占教授总数的58%。校长、教务长、院长和系主任也大多由留学欧美的教授担任。当时师资力量最强为工学院，如1936年，全校6个学院共有教授70余人，工学院便有15位，且大多数有在国外的著名科研机构及大企业工作的经验。

土木工程系自创建以来的前十年，一直遵循王世杰校长提出的："良好的教授"是办好大学的头等大事；坚持聘请教授必须严格，"宁缺勿滥"，但并不意味着一定是要全才。土木工程系还坚持按校长强调的"教授治校"的原则，首先推举了国立武汉大学校务委员、知名

20 世纪 30 年代武汉大学工学院

教授邵逸周和陆凤书先后担任系主任；同时，他们还遵循学校提出的"筑巢引凤"的原则，自 1932 年珞珈山新校舍第一期工程竣工后，再次引进了一大批知名学者，如丁燮和、丁人鲲、余炽昌(先后调入中南土建学院、长沙铁道学院担任教授)、邢维棠、方墉、涂允成、王敬立都是在这一阶段来到土木系执教的，为土木系的发展增添了新的力量。

　　据相关资料交代，自建院以后，土木系的师资力量以及教授拥有人数一直位居武汉大学其他院系前列。这为土木工程系的建设和发展打下了极为重要的基础。

　　四、教学管理

　　武汉大学的教学管理既有宽松的氛围，又有严格的纪律约束。比如：

1）允许转院与转系。学生修业满一年以上且经过两次学期考试，可申请转院或转系。理学院和工学院学生可互转；转出系中所修科目可在转入系中免修。这样就增加了学生学习的自由度，有利于学生充分发挥自己的特长和爱好。

2）允许休学和退学。学生因重要事故或自身疾病需休学者经向校长申请，准予休学，以一学年或一学期为限。修业一年以上的学生休学可发给修业证明书。学生连续两次留级者应予退学。

3）对于缺课及旷课者，都有明确规定，处理严格。如学生缺课或旷课时达该科目总课时四分之一者，不得参与该科目考试。

4）考试和补考均有明确的规定，考试成绩分甲、乙、丙、丁四等，且学期成绩须包括平时成绩和学期考试成绩等。

1932 年初落成于珞珈山东南麓的国立武汉大学第一教职员住宅区

5）为激励学生努力向学，学校从 1932 年起设立院系两级奖学金制度。

6）也正如教务长朱光潜所说：严格考试和实行奖励的目的是促使学生用功读书，为国家和社会的进步，培养有真才实学、真正过硬的人才。

五、学生管理

国立武汉大学特别注重学生管理。比如：1929—1936 年，学校共制定学生管理制度 33 项，其中日常生活管理 14 项，军训及体育锻炼 11 项，图书管理 8 项。

学生管理规定涉及的范围，大到学生团体组织，小到宿舍选定床位……这些制度的特点是将人格培养和知识灌输有机结合，既严格又人性化。如允许学生进入图书馆库房选书，首创开架借书制的先河；除一年级外，允许学生自选并管理食堂等。

六、研究机构及研究生培养和学术研究

1931 年 6 月 21 日，国立武汉大学第 124 次校务会议通过《筹设本大学研究院办法》。

经过几年的努力，1934 年 10 月，武大工科研究所土木工程学部设立，聘请邵逸周为工科研究所主任，俞忽为工科研究所土木工程学部主任。1934 年 11 月 10 日，武汉大学《工科研究所组织章程》（以下简称《章程》）经教育部核准，该所拟设土木工程、机械工程、电机工程、化学工程 4 个学部。《章程》规定，招收本科毕业生作为研究生培养，招生时须经过研究生入学考试。

1935 年 8 月，方宗岱、邓先仁二人被录取为工科研究所土木工程学部研究生，成为武汉大学首次招收的研究生。在研究生培养中，武大宁少勿乱，特别强调严谨求实。

为弘扬学术，为校内外的学术研究者提供良好的交流渠道，王世杰校长到任后，从 1930 年起，学校先后创办了《工科年刊》等多种

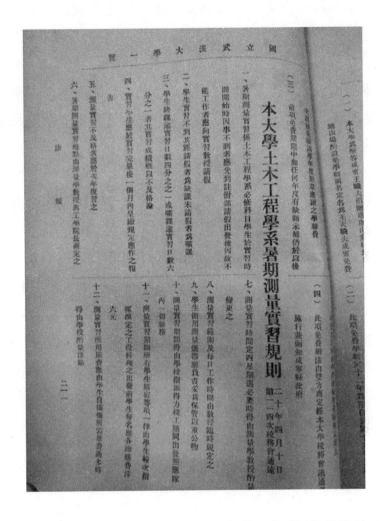

刊物。这些刊物的论文作者除本校教师外，校外学者投稿也不少。如《理科季刊》就刊发了多篇著名数学家华罗庚在清华工作期间撰写的学术论文。

　　学校在1931年决定出"武汉大学丛书"，撰述者均为武汉大学现任教师。土木工程系丁燮和教授所著的《材料力学》等重要著作都是由"武汉大学丛书"出版。

　　在对学生的科学精神、科研能力的培养方面，土木工程系还特别注重教学和科研相结合。从 1932 年起，学生中就成立了土木工程学会，定期举行学术会议和学术讲座，每学期至少开展 1 至 2 次学术研讨会。学校规定学生学术研究团体以钻研学术、研究科学为目的，倡导学术自由，但不得干涉学校行政工作。学生团体开展学术活动时，应邀请教师做指导，如邵逸周、陆凤书、丁燮和、余炽昌等教授便经常应邀为土木工程学会举办讲座。这些规定和活动，都促进了学生积极钻研学术、研究科学的积极性。土木工程学会等学生学术团体还创办了学术刊物，对培养学生的学习兴趣和研究能力起了良好的作用。

国立武汉大学还特别强调和鼓励师生开展形式多样的社会服务。一是设置学术讲座，开办简易班，为社会所需人员教授一些实际知识和技术。二是承担试验项目：1936 年 10 月，学校土木工程系与湖北省汉江工程局达成协议，设立实验所，承担长江簰洲湾裁弯截直以及兴建长江大坝的泥沙试验工作；1936 年 9 月，学校与平汉铁路局续签技术合作，理、工(主要由土木工程系)、农三个学院承担技术服务工作。

七、教职工管理及待遇

对于教职工的管理，武汉大学先后制定了 12 项制度，涉及教师的聘任、待遇、住宿、休假、抚恤、出国、医疗保险等方面。如教授的聘用，须在学术上有创作或发明者，曾在国立大学或本校承认之国内外大学担任教授 2 年以上者。聘用教员均需由校长提交聘任委员会审查资格，通过后由校长聘用。

对于教职员的待遇，学校于 1929 年公布《教职员待遇规则》，薪俸等级多，而且差别大，最高的 500 元，最低月薪只有 35 元。

当年土木系的缪恩钊、丁燮和、丁人鲲、余炽昌、邢维棠、方塘、涂允成、王敬立等教授均是由校长王世杰亲定聘用的。

在住房上，学校为带家属的教授在珞珈山一、二区兴建了教授住宅，珞珈山北为单身教授建有珞珈石屋及住宅楼。工学院院长邵逸周，土木系的缪恩钊、丁燮和、余炽昌等都住在一区18栋，这里地势开阔，避风向阳，山下还建有附属小学，教授们在这里潜心著作，专心育人。

第二节　抗日战争时期武汉大学土木工程系的变迁和发展

一、坚持抗日救亡

武汉大学工学院土木工程系在抗日救亡时期经历了种种磨难，在办学条件极其艰苦的情况下，一方面积极参加抗日救亡活动，一方面坚持严格管理，鼓励勤奋好学，为国家和社会培养了不少优秀人才。

(一)成立抗日救亡群众组织，积极开展抗日活动

正当学校蓬勃发展之际，1931年"九一八"事变爆发。武汉大学校务委员会立即致电中央政府和国际联盟，呼吁抗日救亡。

1931年10月2日，成立"武大抗日救国会"。

1931年10月5日，校刊发表《国立武汉大学抗日救国会宣言》。

1931年10月19日，在武大抗日救国会的倡导下，武汉学生抗日救国会正式成立。

1931年12月4日,武大选派50名学生组成救国请愿团,奔赴南京请愿。

在这些活动中,工学院土木工程系是一支中坚力量。

(二)武大教授关于抗战救亡的演讲持续不断

如土木系主任邵逸周的《国防军需的准备》,土木系教授余炽昌的《为适应战时的运输,铁路上应有的准备》,都根据国情与战争的需要,深入探讨抗战救亡方略,呼吁师生做好准备,挽救民族危亡。

(三)踊跃捐款捐物,援救抗战将士

1931年"九一八"事变后,师生们省吃俭用,慷慨解囊,纷纷捐款捐物,为抗日救国贡献力量。

(四)收容战区学生

"九一八"事变后,日军大举入侵我国东三省,造成大批学生流亡。"七七事变"后,华北相继沦陷,流亡学生达到高峰。为保存中国文化教育根基,1937年8月19日教育部部长王世杰签发的《战区内学校处置办法》和8月27日教育部颁发的《总动员时期督导教育工作办法纲要》中规定:安全的学校应设法接受借读学生,使其完成学业。据1937年11月编印的《国立武汉大学二十六年度借读生履历册》统计,武大接收沦陷区的燕京大学等61所大学的借读生共582人,占当时在校生1371人的42.5%,其中工学院就有101人为借读生。著名的土木建筑学家郑孝燮、孙宗汾等土木工程类一批优秀人才均出自国立武汉大学土木工程系当年的借读生。

当时还有部分土木工程系学生积极参加武大党组织的活动,还有多位同学奔赴延安,直接参加中国共产党领导下的抗日救国工作。

（五）土木工程系学生随学校西迁

1937 年，抗日战争全面爆发后，1938 年 2 月，武汉大学经教育部批准，将一至三年级师生西迁至四川乐山。土木工程系 1-3 年级也随校迁往乐山校区，4 年级留在武昌珞珈山完成最后学习任务。6 月底，这届毕业生在战火中完成了大学 4 年的学业，校长王星拱特意为《国立武汉大学第七届毕业纪念册》撰写了长篇序言。

日军入侵后的珞珈山，工学院大楼成为日军野战医院，土木系的水工实验室成了马厩，校舍均破坏惨重。

土木工程系随武汉大学其他师生于 1938 年 3 月 10 日第一批办理迁校的教职员 10 余人由武汉出发，4 月 2 日抵达乐山，其中就有土木系系主任邵逸周教授，当时邵教授为迁校委员会委员。学生西迁则采取自由组合的方式，分批乘轮船入川。4 月 29 日，抵达乐山的师生正式开学上课。1938 年武汉大学一、二、三年级学生到达乐山时，注册人数为 699 人，其中土木工程系所在的工学院就有227 人。

武汉大学西迁乐山后，所有办学用房全靠租赁旧余房屋，主要以乐山城内的文庙、龙神祠、三清宫、李公祠、火神庙、三育中学、进德女校部分余房及城外观斗山、露济寺等处房屋作校舍，办学条件及生活条件都非常艰苦。从 1938 至 1945 年，学校设法在乐山城中借用、租赁及自购土地上自建校舍房屋，扩建房屋 40 栋，174 间，建筑房屋 55 栋，185 间，在自购土地上又建筑房屋 3 栋，115 间，土木工程系的办学条件逐渐得到改善。

土木工程系还因陋就简，想方设法恢复和新建了不少实验室和实习工厂，进一步改善了办学条件。如开设有测量仪器、材料实验、热工实验、水力实验、金相实验以及模型室和有关的实习工厂。各实习工厂于 1939 年初步完毕。每厂可同时容纳学生 20 人实习。

二、抗战时的师资队伍

西迁乐山时，仍有教授 104 人、讲师 13 人、助教 4 人随校入川。此后陆续增聘，到 1946 年复员前夕，教授又增加到 113 人。例如叶圣陶、朱光潜等著名学者均为此时应聘到武汉大学执教的教授。此时教员总人数有较大幅度增加。单土木工程系便有教授 8 人，分别是：邵逸周(兼系主任)、陆凤书、丁燮和、丁人鲲、王敬立、俞忽、涂允成、余炽昌(后调入中南土木建筑学院)；助教 5 人，分别是：石琢(后调入中南土木建筑学院)、纪常伦、胡锡之、方宗岱、方开启。土木工程系余炽昌等教授均是抗战时期应聘来到武汉大学的。

为提高师资水平，教育部 1942 年、1943 年均进行了"部聘教授"的评选，武大的周鲠生等三名榜上有名，上榜人数在中央大学、西南联大、浙江大学之后，列全国第四。

三、抗战时期的学生培养

武汉大学西迁乐山后，虽然地处偏僻的川南小县城，但求学的人越来越多，由抗战之前每年在校总人数 700 人左右发展到在校人数 1700 人左右。

(一)课程设置

西迁后的武汉大学的课程设置与抗战前稍有调整。根据当时国民政府提倡的"科学救国"、"教育救国"，推行"强行教育"时代原则，工科学生必须增修"中国通史"和"国文"，除一年级开设基础英文外，相继增设了第二年、第三年基本英文课程，并于 1940 年 9 月设立"第一外国语委员会"，以至于抗战期间武汉大学包括土木工程系在内的全体工科学生的国文和英文基础都很不错。

(二)教学管理

武汉大学一向以学生读书用功、学校考试严格著称。

西迁乐山后，学生改由教育部统一分配，加上入学人数增加很多，于是学校采取了严格的淘汰制度。

首先进行入学甄别考试，接踵而至的是月考、临时考、期中考、期末考、毕业考等重重把关考试。当时的土木工程系毕业生在《国立武汉大学民三五级同学录》中写道："我们过去的命运应该是属于'坎坷'一类，进学校还没上第一课，甄别考试就裁编了我们一半的队伍。三年级再过一道难关，今天我们的人数，还算上补充来的伙伴，只有入学的四分之一了。"

乐山时期，教学管理虽然严格，但教学方法灵活多样，因为当时的条件和环境，学生可以三五成群地到教授家里听课、讨论，也可以自由自在地到茶馆里自修作业，谈天说地，或是写诗作文。

(三)科研与研究生培养

抗战时期，武汉大学的学生科研活动及研究生培养也从没须臾间断。工科研究所土木工程学部是最早随校西迁至乐山的学术团体。武汉大学西迁 8 年，几乎每年都照常招收研究生。如土木工程系共招收了 7 次。

(四)校园文化建设

抗战时期的武汉大学还特别重视校园文化建设。当时的教务长朱光潜教授特别倡导培养优良的校风。他强调，优良的校风必须具有四个特点：第一，学校应有家庭的和乐空气；第二，必须养成尊重纪律的风气；第三，必定有深厚的研究学术的风气；第四，必须养成弘毅豁达的胸襟气宇。

他还强调，大学教育不仅培养专才，而尤在培养通才。

1946年夏，他为《毕业同学录》精心撰写了2000余字的序言。针对当时毕业生面临"战后民生凋零，百孔千疮"的局势普遍存在的惶恐思想，他特别强调要"祛私、去蔽、防恶、致知"，以当临别赠言。

在当时这种氛围的影响下，土木工程系的师生倡导不要"死读书，读死书"。他们积极开展各种有特色的文体活动，坚持和倡导学校颁发的"明诚弘毅"的校训，积极参加体育活动，参与"峨眉剧社""丛丛剧社"和"南开剧社"的活动，很好地弘扬了武汉大学学生的下述三种精神：一是读书的精神；二是爱校的精神；三是创新的精神。流亡8年，孕育奇葩，培养了一批如著名土木工程专家蒋咏秋这样优秀的毕业生。

(五)毕业生情况

20世纪三四十年代，武汉大学每年招收新生200~300人，最少时不到100人，西迁乐山后人员有所增加，最多时也只有340人。各系每年新生人数一般都在10名左右。以1930年情况为例，当年全校13个系共招收新生217名，土木工程系占35名，超平均数近一倍。武汉大学工学院及其土木工程系1932年至1952年毕业人数如下表：

武汉大学工学院、土木工程系 1932—1952 年毕业人数

年份	1932	1933	1934	1935	1936	1937	1938	1939	1940	1941	1942
工学院总数	15	23	33	15	29	28	44	52	80	74	152
土木工程人数	15	23	33	15	21	15	21	11	28	18	17

续上表

年份	1943	1944	1945	1946	1947	1948	1949	1950	1951	1952
工学院总数	158	106	75	101	111	93	108	资料缺	资料缺	资料缺
土木工程人数	14	26	11	23	37	8	28	29	21	55

毕业生多数在行政机关和中学任职，少数人分到对口行业工作。如 1934 年土木工程系便有 5 人分到各铁路段、铁路局工作。

武汉大学土木工程系的优秀毕业生在工学院中占很高比例。如 1938 年武大工学院共 10 名优秀毕业生，其中土木工程系 7 名；1939 年工学院共 5 名优秀毕业生，其中土木系 3 名；1940 年工学院 6 名毕业生，其中土木系 2 名；1941 年工学院共 4 名优秀毕业生，其中土木系 1 名；1942 年工学院 7 名优秀毕业生，其中土木工程系 3 名。著名土木工程专家蒋咏秋就是当年在乐山极其艰苦的条件下武汉大学土木工程系培养的优秀毕业生之一。

第三节 复员武昌后的武汉大学土木工程系

一、复员恢复阶段

土木工程系 1945 年 9 月 1 日至 10 月随武汉大学师生一起回迁

返回武昌珞珈山。10月31日，先期抵达珞珈山的师生在珞珈山礼堂举行开学典礼，复员工作遂告结束。

1945年7月，周鲠生接任校长后，委以杨端六、余炽昌(后调入长沙铁道学院)先后担任教务长。

土木工程系的师生在周鲠生校长的带领下，在复员后的前三年，克服各种困难，把日寇当时驻扎珞珈山时破坏了的工学院校舍及实习工厂等尽快恢复。由于战乱的影响，学生流动性很大，在校学生人数与乐山时期相当，每学年一般在1700人左右。同时，陆续接纳了大批从军学生复学。

1946～1949年武大在校生、招收新生及毕业生情况列表如下：

项目	学院	1946 年	1947 年	1948 年	1949 年
在校生人数	文学院	216	222	214	193
	法学院	720	720	684	361
	理学院	152	166	181	274
	工学院	554	570	501	596
	农学院	22	35	46	169
	医学院		29	43	99
	合计	1664	1742	1669	1692
招收新生人数	文学院	91	72	49	51
	法学院	351	183	117	71
	理学院	75	66	54	147
	工学院	195	170	121	258
	农学院	22	25	24	118
	医学院		29	19	60
	合计	734	545	384	705

续表

项目	学院	1946 年	1947 年	1948 年	1949 年
毕业生人数	文学院	43	34	47	31
	法学院	124	93	149	127
	理学院	18	21	33	36
	工学院	101	111	93	108
	农学院				7
	合计	286	259	322	309

由表可见，土木系所在的工学院无论是在校生、招收新生还是毕业生人数均仅次于法学院。

二、复员珞珈山后师资队伍建设情况

武大复员初期，师资力量严重缺乏。一是乐山时期艰苦的环境使得一部分教员或离职或去世；二是抗战胜利后，一部分教师受聘于其他大学。1946 年，全校专职教师共计 198 人（其中教授 102人）。周鲠生校长广纳人才，并亲自赴美国招聘贤才，到 1948 年，教师达 297 人（其中教授 134 人），师资紧张状况有所缓解。

这一时期，武大云集了一批国内外知名的教授，如余炽昌、丁燮和、沈友铭、丁人鲲、缪恩钊、石琢等蜚声学术界的教授（后均调入中南土木建筑学院，部分最终调入长沙铁道学院）。

学校一贯重视师资队伍建设，学校教授总人数自 1938 年始一直保持在 100 名以上。其中师资力量特别强大，教授拥有人数一直位居学校前列的是外文系和土木工程系，如 1948 年，全校 20 多个院系共有教授 134 名，其中外文系、土木工程系便分别拥有 12 名、11 名。

1950年，武汉大学土木工程系共有教授12人、讲师2人、助教8人。

土木工程系所在的工学院在不断致力充实师资力量的同时，为了提高教学质量，还对教学进行了诸多改革。在课程设置上，一是注重课程质量，严格区分必修课和选修课，并酌减学分，将部分必修课改为选修课，使必修课少而精，克服课程设置上的庞杂现象；二是注重应用专业的训练，将原来的一、二、三年级以基础课为主改为一、二年级以基础课为主，从三年级开始便侧重专业课的教学，并增设选修课和毕业实习等；三是统一公共课教学；四是增设课程设置的计划性和系统性；五是增加课程数量（如1946年的课程设置，土木系等一年级必修课达10门以上），体现了学校十分重视对教学的严格管理。

为将课程设置落到实处，武汉大学几乎每年都设计并下发了课程指导书，供学生、教师选课备课。

下图为1945年度土木系课程指导书的影印件

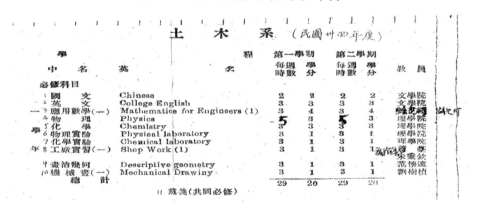

三、科学研究

1947年5月，武汉大学根据教育部的训令，将原有的4部11所科研机构合并改组为8个研究所。土木工程研究所仍在保留之列。在此期间，仍坚持根据社会需求和教学实际进行了不少研究工作。特别是复员初期，在国家下拨经费非常困难的情况下，在学校的支持下，工学院还继续出版了《工科丛刊》，发表了许多有影响的学术著作。

四、中华人民共和国成立前夕，土木工程系师生与其他院系师生一道积极参与进步活动

武汉大学复员后，正是全国解放战争时期。由于国民党政府"倚美外交"，1946 年 12 月，北平发生美军士兵强奸北大女生沈崇的事件。

随校复员的武汉大学"学生运动核心组织"，组织了"反美抗暴"活动，1947 年 1 月 5 日，武汉大学 1300 余名学生，以女生为前导，高举标语牌和红绿旗帜，唱着《示威进行曲》，散发《告全国同胞书》，浩浩荡荡地从珞珈山开赴武昌，直赴天津路美国领事馆，高呼反美口号。土木工程系女生和广大学生都参加了这次反美抗暴游行。

对"沈崇事件"，武汉大学教授会专门致电国民政府政务院和教育部表示强烈愤慨。教授会同意北大教授提出的：1. 补偿被侮辱人之名誉；2. 严惩犯罪士兵；3. 切实保证不再有类似事件发生，以保证人格之尊严等。土木工程系余炽昌等知名教授都积极参加了这次教授会的签名请愿活动。此次反美抗暴运动为日后开展的"反饥饿、反内战、反迫害"运动从思想、组织上打下了基础。1947 年 5 月，武汉大学学生在"学生运动核心组织"的领导下，由学生自治会出面，经过千余名学生签名同意，决定 5 月 19 日起罢课 3 天，并通过《为响应和平运动，要求增加教育经费提高公费数额宣言》，提出 7 点要求。其中，土木工程系学生始终是上述进步活动的积极参加者和中坚力量。

　　同年 5 月 22 日, 武汉大学工学院土木工程系学生与武汉大学其他院系学生一道高举"反饥饿、反内战、反迫害"的旗帜, 大闹省政府, 声讨南京"五二○血案"。接着, 他们又响应华北学联提出的全国学生举行"六二"反内战总罢课运动。于是, 国民党武汉行辕和警备司令部于 6 月 1 日凌晨 3 时对武汉大学手无寸铁的学生开始血腥屠杀, 发生了震惊中外的珞珈山"六一"惨案。当时, 珞珈山硝烟弥漫, 老斋舍里弹痕累累, 死伤者众, 惨不忍睹。土木系学生王志德(江苏江都人)和史学系学生黄鸣岗(湖北枝江人)、政治系台湾籍学生陈如丰当场中弹身亡。他们 3 人都是一年级学生, 竟死于国际上早已禁用的达姆枪弹下。此外重伤 3 人, 轻伤 10 人, 还逮捕了梁园东、金克木等 5 位教授和 23 名学生及职员。

　　"六一惨案"发生后, 6 月 1 日上午 9 时许, 武汉大学全体学生齐集体育馆举行大会, 决定从即日起开始无限期罢课, 并派代表进京请愿, 向社会人士控诉, 宣告这血淋淋的事实。同日下午, 武汉大学教授会举行大会: 决议罢课一周; 要求严惩凶手, 撤办武汉行辕主任程潜, 枪决警备司令彭善及肇事凶手; 立即释放被捕学生; 公葬死难学生, 抚恤死伤同学家属; 切实保障人权等。

　　6 月 3 日从南京开会返校的校长周鲠生约集 18 名教授齐赴武汉行辕保释被捕学生, 并抗议中央社发出的歪曲事实的报道, 要求追究责任。

　　6 月 22 日上午, 武汉大学师生 2000 余人在体育馆为 3 位死难的同学举行追悼会。6 月 23 日举行了出殡大游行。

　　武大"六一"惨案, 惊醒了对美、蒋抱有幻想的天真民众, 使他们认清了蒋介石政府假和平真内战的真实面目, 促进了全国民众投身反对蒋介石政府的斗争行列。

　　武汉大学土木工程系的师生在周鲠生校长和武汉大学党组织的

领导下，于1949年春蒋介石政府逃离大陆之前阴谋策划搬迁工厂、破坏学校和大规模屠杀进步人士的紧急关头，积极响应联防应变的决定，开展了护校保产、保卫文化区、保护师生员工安全的活动，团结战斗，积极投入迎接解放的活动，做出了重要贡献。

五、武汉解放初期共产党正式接管武汉大学及初期的稳步发展

1949年5月16日，受尽战乱煎熬的武汉人民迎来了武汉的解放。武汉大学师生满怀喜悦之情与江城人民同庆武汉解放。5月22日，中国人民解放军武汉军事管制委员会宣告成立，主任为谭政，副主任为陶铸，文教接管部部长为潘梓年。

5月24日，武汉大学教职员工发表政治立场和态度的时局宣言。宣言郑重指出：支持中国共产党领袖毛泽东先生1月14日的8项主张；支持中共和谈代表向国民党提出的和平协定；支持中国人民解放军进军命令的全部内容。并表示：支持新民主主义的政治经济和文化建设，愿意为此贡献全部的力量。该宣言发表在5月27日的《长江日报》上，在知识界引起极大反响，在历史转折时刻，对武汉教育界起到了稳定和导向作用。

1949年8月24日，文教接管部批准成立武汉大学校务委员会，取代学校原有的校长制。后相继被调至中南土木建筑学院、长沙铁道学院的余炽昌教授当时被委以新组建的武汉大学校务委员会委员并兼工学院院长职务。

1949年8月25日，在学校大礼堂召开武汉大学校务委员会成立庆祝大会。潘梓年部长在讲话中宣布："武汉大学校务委员会的建立，标志着学校教育性质已经发生根本性变化，国立武汉大学已经成为中国共产党领导下的人民的大学。"

1949 年下半年，武汉大学正式复课。

1950 年武汉大学土木系共有教授 12 人、讲师 2 人、助教 8 人。

第四节　武汉大学土木工程系师生的两度调遣

一、第一次

1953 年，全国第二次高等院校院系调整。根据中南区高等学校院系调整方案，武汉大学的土木系全体师生调往新组建的中南土木建筑学院工作和学习。

调入中南土木建筑学院的教员名单：

教授(7 人)：

余炽昌(工业与民用建筑)、沈友铭(汽车干路与城市道路)、丁人鲲(汽车干路与城市道路)、缪恩钊(工业与民用建筑)、石琢(基础课)、左开泉(工业与民用建筑)、王寿康(工业与民用建筑)。

讲师(1 人)：王仁权(汽车干路与民用建筑)。

助教(11 人)：

周光龙、周泽西、刘骥、王桐封、成文山、张绍麟、赵汉涛、袁祖荫、陈行之、杨莑康、向华球。

二、第二次

1959 年，中南土木建筑学院解体，"铁三系"(铁道建筑、桥梁与隧道、铁道运输)师生员工及部分公共课教师调入新组建的长沙铁道学院。调入原长沙铁道学院的原武汉大学土木工程系的教师有：

　　教授(2 人)：余炽昌、石琢。

　　讲师(1 人)：刘骥。

第三章　中南大学路科溯源之 广西大学土木工程系

第一节　广西大学及其土木工程系的诞生

1925 年，以李宗仁、黄绍竑为首的新桂系统一广西。1927 年 4 月 15 日当时广西省政府正式成立。1927 年冬间，省政府决定在梧州筹办省立广西大学，并由省政府主席黄绍竑邀请本省籍留德工学博士马君武(当时马君武在上海大夏大学任校长)回桂一起筹办，正式成立省立广西大学筹备委员会。公推筹备委员 11 人：黄绍竑(任委员长)、马君武(任教务主任)、盘珠祁(兼美洲特派员)、黄华表(兼建筑主任)、陈柱(兼国内特派员)、雷沛鸿(兼南洋及欧洲特派员)、岑德彰、苏民(任总务主任)、刘宝琛(兼美洲特派员)、邓植仪和凌鸿勋。其后，因苏民常住南宁未能到梧州任事，改为岑德彰任总务主任。岑德彰到梧州十余日即返上海，以后不再推举总务主任，一切校务由马君武兼理。1928 年 10 月，省立广西大学在梧州蝴蝶山宣告成立。首任校长为著名的民主革命家、教育家、科学家马君武博士。

1929 年，成立仅 1 年的广西大学因粤桂战争停办。1931 年复校，设立理学院。1932 年增设工学院，土木工程系从兹设立。

原广西大学校门

第二节　省立、国立时期的广西大学土木工程系

一、省立、国立时期的广西大学土木工程系主任

广西大学从 1928 年 6 月创办至 1939 年 8 月为省立时期，这年间经历了梧州时期和桂林时期。1939 年 8 月至 1949 年 11 月为国立时期。

广西大学于 1931 年 9 月复校后，1932 年扩大院系增设工学院和农学院，工学院最先设置了土木工程系。从 1932 年建系到 1950 年解放，广西大学工学院院长及土木工程系主任的任职人员分别是：

省立日期	工学院院长	土木系主任
1932.9	马君武(兼)	苏鉴轩
1934.9	(同上)	葛天回
1934.12	曾悦庭	葛天回
1935.8	金锡如	沈锡琳
1936.6	李运华	赵澄波
国立时期	理工学院院长	土木系主任
1939.8	谢厚藩	肖津
1943.8	笪远纶	肖津
1947	郑建宣	王师羲
1950	何杰	谢世澂 (后调入长沙铁道学院)

二、省立、国立广西大学土木工程系招生、毕业生、在校生情况

(一)广西大学省立、国立时期学生情况

1928—1949 年本专科学生情况统计表　　　　　（单位：人）

年度	招生数	毕业生数	在校学生数
省立: 1928	预科 300		300
1931	预科 258 本科 30		588
1932	本科 62(其中土木工程专业 47)	预科 104(土木工程专业包含其中)	650
1933	48(土木工程专业包含其中)	预科 118(土木工程专业包含其中)	594
1934	229(土木工程专业包含其中)	预科 142(土木工程专业包含其中)	708
1935	302(土木工程专业包含其中)	163(其中预科 133，本科 30)	865

续上表

年度	招生数	毕业生数	在校学生数
1936	199(土木工程专业包含其中)	229(其中预科137,本科92,预科、本科中土木工程专业33)	930
1937	467(其中土木工程系41)	124(其中土木工程专业18)	710
1938	400(土木工程专业包含其中)	163(其中土木工程专业17)	986
国立:1939	279(土木工程专业包含其中)	163(其中土木工程专业22)	1102
1940	355(土木工程专业包含其中)	215 未详	1140
1941	150(土木工程专业包含其中)	240(其中土木工程专业16)	1075
1942	140(土木工程专业包含其中)	240 未详	1049
1943	417(土木工程专业包含其中)	449 未详	1800
1944	143(土木工程专业包含其中)	320 未详	1494
1945	454(土木工程专业包含其中)	312(其中土木工程专业10)	1628
1946	454(土木工程专业包含其中)	315(其中土木工程专业32)	1683
1947	584(土木工程专业包含其中)	358(其中土木工程专业35)	1954
1948	567(土木工程专业包含其中)	313(其中土木工程专业28)	2163
1949	248(土木工程专业包含其中)	496(其中土木工程专业29)	1602

省立时期,省立广西大学共招生2342人。1932年成立的工学院土木工程系开始招生47名,以后每年招生,如民国二十六年(1937年)土木工程系一年级学生41人,三年级学生26人,四年级学生18人。

1936年6月,土木工程系第一届33名学生毕业,他们是:

罗祖容、钟伯元、吴业伟、李超鹄、欧文鼎、梁莲济、蒙宽贤、颜赏新、莫永年、林普扬、来家训、余启槐、梁绍洋、何其达、张礼贤、冯日升、萧民英、罗绍尧、苏宠升、莫炳康、温毓奇、周树屏、覃恩锜、梁智、宫其祥、陈觉东、王钗景、谭超、谭少峰、黎振民、邓镜容、陈恩容、黎捷材。

1936 年广西大学理工农全体同学摄影

省立时期土木工程系四届毕业生共有 68 人。

20 世纪三四十年代，国家土木建筑方面人才缺乏，因此国立广西大学时期土木工程系招生较多。其时，每年都有 30 名左右的毕业生。因资料不全，仅以 1946、1947、1948、1949 年为例：1946 年 32 人，1947 年 35 人，1948 年 28 人，1949 年 29 人。广西大学国立期间全校毕业生共 3421 人(上表中 3194 人)，其中土木工程系有据可查的毕业生有 172 人(抗战时期的 1942—1945 年多经迁徙，资料遗失，无法考证)。

1949 年度毕业生是国立广西大学最后一届，土木工程系有 29 人毕业，他们是：

汪文欣、黎家传、魏璋、苏家榕、黄崇喜、黄居源、苏尚俊、尹学良、赵家栋、黄华山、周宁超、李建超、邓武传、李康强、覃鸿庆、李彩文、杨江满、刘流辉、李中泰、李成义、沈福明、万戈林、李绍凤、谢世淳、黄玉骥、吴澍生、聂楷熙、冯正伦、刘文藩。

三、省立、国立时期广西大学土木工程系的师资情况

省立广西大学时期办学方针和行政大权完全由马君武校长掌握。马校长重视科学知识、尊重有真才实学的教师。他延聘教授、

讲师，既看其资历，更注重其德才。学校创办之初马君武校长就聘请了一批知名教授（13人）到校任教，如白鹏飞（校务长）、马名海（教务长）、蒋继伊（总务长）、龙伯纯、严恩棫、黄叔培、周楚生、黄方刚、陈荫仁、刘尔题、曾绍桓、周萃机、张钦五等。同时聘了9名助教，至1936年6月，理、工、农3个学院已有教师80多人，其中工学院23人。

此时土木工程系有教师11人，他们是沈锡琳（教授、系主任）、葛天回（教授）、黄锡九（教授）、翟鹤程（教授）、王廷相（教授）、李总进（教授）、苏鉴轩（教授）、尹政（助教）、黎储材（助教）、潘超（助教）、董钟林（助教）。

省立广西大学后期又延聘了一批名师，如李达教授、陈望道教授、王力教授、张映南教授、刘仙洲教授、马保之教授、马大浦教授、薛暮桥教授等。此期间工学院共有教师46人，其中教授16人；土木工程系共有教师7人（其中教授3人、讲师2人、助教2人）：邓祥云（教授、系主任）、郭智之（教授）、肖津（教授）、尹政（讲师）、韦世龙(讲师)、张礼贤(助教)、李启良(助教)。

广西大学国立初期，马君武继续出任校长、除续聘原省立广西大学的教授外，又新聘了一批名教授，如理工学院的李四光、郑建宣、雷瀚、石志清、刘光文、林炳仁、赵佩莹、余克缙、杭维瀚、袁志纯、潘祖武、唐崇礼、竺良甫。

至1943年，李运华出任校长后，又新聘了一批名教授。

至1949年底，广西大学共有教职工261人，其中教授、副教授128人，讲师44人，助教71人。土木工程系在职教师12人，其中教授8人：王师义(系主任)、王鸿儒、尹政、叶守泽、杨登先、王朝伟(后调入长沙铁道学院)、覃宽、吕瀚堉；讲师3人：周耀婴、吴家梁、荣杰森；助教1人：甘泰宗。

四、省立、国立广西大学时期的课程及教学

(一)课程设置和教学管理

广西大学以实用教学为方针，各系科开的课程，着重于纯粹科学与应用科学相结合，理论课与实验课相结合，必修课与选修课相结合。凡学业较好的学生读完必修课外，可自愿尽量读选修课数门，这样可培养更多博学多能的人才。学校于1928年创立时先办预科，1931年复校后开办本科，到1936年预科持续办了五届，毕业生(其中包含土木工程专业学生)达到373人。

学生读预科时开设的课程有国文、英文、代数、平面几何、矿物、物理、化学、本国历史、外国历史、地理、卫生、体育等。1931年开设本科后，各院开设不同的课程，如工学院(土木工程、机械工程、冶金工程)一、二年级开设共同必修课和专业必修课。共同必修

课有国文、外国文、算学、物理、化学、应用力学、材料力学、经济学、投影几何、工程画、工厂实习(每周三小时)。

当时学生的课程分为三类:(1)公共必修课,各系学生必读;(2)各系(组)必修课是该系(组)学生必读的;(3)选修课是各系(组)根据教师的专长开设,学生一般先选修本系开设的课程,亦可以跨系选修。各系大体上公共必修课占32%,各系组必修课占45%~48%,选修占20%~23%。理工学院各系学生必须修足142个学分方可参加毕业考试。

教学管理方面,学校开办之初,为了奖学和帮助勤奋苦读的学生解决经济生活上的暂时困难,制定了"学生免费暂行条例",规定奖学分六等。在一学期内每次月考各科平均分数90分以上者,可免交全部学费、杂费、膳费和书籍费,这是最高奖励。学期各科平均达到80分以上者,可免学费,这是最低奖励。在两者之间还设了四个等级。这种机制实施到1931年度废止。

1932年起,学校以发奖金的方式奖励成绩优良的学生。奖励办法:(1)检定考试各科平均满95分者给予一等奖金(200元毫币)1名;(2)检定考试各科平均满90分者给予二等奖金(100元毫币)2名;(3)检定各科考试平均满85分者给予三等奖金(25元毫币)13名。

1932年获得奖学金者16人,1933年获奖学金者134人,1934年为152名。

广西大学苦学基金制实行了几个学期,到了1935年,由省府拨定专款10万元(桂钞)作为贷学金。

(二)教学与时政、做工、实习、实验相结合。

1. 军事训练

学校创办之初,当时广西省政府主政者为适应其军阀割据的需要,要求学校对学生开展军事训练。马君武校长也主张实施军事训练,但机动与目的纯正:他曾多次在演说中号召青年学生学好战斗本领,以达到救国的目的。学校制定规程,本科生和专科生受军训两年,每周7小时,女生则授予军事看护学。

2. 开设劳动课

学生劳动课每周安排一个下午,从1931年开始,每周安排学生做工一次(3小时)。做工内容分为两个部分,属于农学者安排剪树枝、除草、栽花、种菜;属于工程学者则安排开土方或在机械厂、工场做工。因此当时学校很多建筑的基地开挖,操场的整理都是学生们做工的成果。暑假做工乃是有报酬的劳动,可有效地帮助贫苦学生解决经济困难,使其顺利完成学业。据记录1932年暑假有70—80名学生参加学校组织的学生做工队开辟苗圃,发给学生工资2400元,1933年暑期又组织学生参加开辟翻砂厂基地,发出工资2400元。

3. 实践教学

学校注重结合时局需要开展教学活动。如1941年1月,土木工程系三、四年级身强力壮的学生50多人应教育部征调,由钟伯元、温毓琦两位老师带领,到浙江衢州第十空军总站参加修建机场,由他们负责全场测量及工程施工。敌机经常来工场盘旋侦察,师生们以"抗战第一、不畏艰险、坚持工作"的精神,在机场苦战了三个多

20世纪30年代广西大学土木系学生实习工厂

月。此期间，他们既学习了工程知识，又为抗战出了力，个个成绩优越，受到第十空军总部的表扬。

4.重视体育

广西大学教学上一贯重视体育课。学校初创时就设有体育部，对学生实施体育训练。学校规定男女学生每天必须参加早操半小时和课外活动，每星期上体育课2小时。每年度举行各种球类院际比赛及游泳比赛，并于每年假期中举行田径运动会。马君武校长曾亲自为《广西大学第一届运动会特刊》题词："养成强壮的身体，学得战斗的本领以征服日本。"学校还经常组队参加梧州市举办的各种运动会，屡获冠军。学校每学期之初对学生作体格检查。1931年复校后，广西大学大力扩充体育设施设备，学校有足球场1个、篮球场4个、排球场3个、网球场2个、单双杠3副和游泳池1个。

5. 重视实验教学

学校开办以后重视图书、仪器、机械的添置建设,在马君武任校长时期颇称饶富,为西南之最。据《校务卷》1947 年的记载,是年中西文书籍多达 41908 册,中英文杂志多达 516 种。特别是抗战胜利后大力添置建设,各年级有实验课者均能实验,如土木工程系平面测量、大地测量、铁路测量仪器都有数具,可供实验教学使用。马君武卸任后,续任校长依然重视实验教学仪器设备添加,如 1947 年 3 月,校长陈剑翛出席国民大会途经上海亲自为土木工程系购买土木测量仪器一份。

(三)重视科学研究

广西大学在重视教学的同时,也十分重视科研工作。抗战期间也不曾放弃。抗战胜利后进一步步入正常,仅 1947 年学校开展的科研项目便有 20 个课题,其中土木工程专业有:漓江流量变化研究、军用飞机场的设计研究等项目。

五、广西大学中华人民共和国成立前土木工程系毕业生情况

广西大学历年学成毕业的人数以土木工程系最多,据不完全资料记载:1936 年,广西大学共计毕业生 92 人,其中土木工程系就有 33 人;1939 年,全校 95 人毕业,土木工程系 22 人,居全校各系之首;1941 年,第九届学生毕业,土木工程系 16 人;1945 年,全校 79 人毕业,土木工程系仅次于经济系,有 10 人毕业;1946 年,全校有 300 余人毕业,土木工程系仅次于经济系,有 32 人毕业。

第三节　中华人民共和国成立初期广西大学的土木工程系

一、解放初期广西大学的工学院院长、土木工程系主任及师资

(一)工学院院长和土木系主任:

1950 年,工学院院长,何杰;土木工程系主任,谢世澂(后调入长沙铁道学院)。

1952 年,工学院院长,何杰;土木系主任,王朝伟(后调入长沙铁道学院)。

(二)土木工程系师资:

1950 年,土木工程系有教师 16 名。

其中教授 10 人:尹政(代系主任)、王鸿儒、甘怀义、万中泽、谢世澂、覃宽、杨登先、王朝伟、吕润堉、沈梅荣;

讲师 2 人:唐盛芬、吴家梁;

助教 4 人:甘泰宗、刘国华、韦敏、谭思昊。

二、解放初期广西大学土木工程系的课程改革

1951 年 8 月 2 日,国家政务院公布了《关于实施高等学校课程改革的决定》,决定要求"高等院校的课程设置应在系统的理论知识基础上,实行适当的专门化,应根据精简的原则,有重点地设置和加

强必需的重要课程,删除重复的和不必要的课程内容"。

　　根据这一决定精神,从 1950 年下期起,广西大学便开始具体实施课程设置改革工作。该校土木工程系在学校的直接指导下做了以下工作:

　　第一,精简课程,从 1951 年上学期开始便停开了原有的不合需要或重复的课程,并合并了一些课程;

　　第二,实行课代表制,密切教与学的联系以促进教师教学质量的提高;

　　第三,有重点地建立教研组,加强对教学的研究和教学经验的交流;

　　第四,建立系务会议制,贯彻民主集中制的领导方法。

三、解放初期广西大学土木工程系学生积极参与实践、实习活动

　　这一时期,为了贯彻理论与实践相结合的方针,学校各院系均根据专业要求,走出校门进行各类实习,土木工程系也不例外。如 1951 年 7 月下旬至 9 月 6 日,土木工程系三、四年级学生 55 人,响应毛泽东主席"一定要把淮河修好"的号召,赴河南省治淮主要工程——板桥水库实习。在实习中,同学们看到成千上万的翻身农民意气风发地投入治淮工程,千百年来危害人民的淮河得到根治,从而扩大了同学们的政治视野,使他们更加热爱党,热爱新中国,热爱劳动人民。经过 40 多天的艰苦努力,他们胜利地完成了河南治淮工程指挥部交给的测绘 270 平方公里(110 万亩可灌溉区)的任务,被板桥水库指挥所誉为"板桥水库的坚强助手"。1951 年 10 月 16 日至1952 年 7 月 31 日,根据中央教育部关于中南地区大专学校参加治淮工程的三年级同学实习期延长为一年的决定,土木工程系三年级同

学 20 多人又重返治淮前线，分别在板桥水库、白沙水库、河南省治淮总指挥部等地实习。

第四节　广西大学土木工程系师生的两度调遣

一、第一次

1953 年，全国大专院校第二次院系调整。是年 10 月 5 日，广西大学工学院土木工程系铁路、公路、工民建专业及铁路勘测专修科教师 22 人及学生 65 人调入新组建的中南土木建筑学院。

调入中南土木建筑学院的教师名单：

教授(6 人)：谢世澂、王朝伟、覃宽、黄权、陈炎文、吕翰浚；

副教授(3 人)：耿毓秀、张显华、李森林；

讲师(1 人)：吴家梁；

助教(12 人)：黎邦隆、李建超、张为朗、吕汉森、蒋成孝、苏思昊、韦祉、高武元、任远生、杨江满、成贵昭、张志华。

二、第二次

1959 年，中南土木建筑学院解体，"铁三系"(铁道建筑、桥梁与隧道、铁道运输)师生员工及部分公共课教师调入新组建的长沙铁道学院。

调入原长沙铁道学院的原广西大学土木工程系教师有：

教授：王朝伟、谢世澂、黄权；

副教授：张显华、耿毓秀；

讲师：苏思昊、蒋成孝。

第四章　中南大学路科溯源之南昌大学土木工程系

第一节　概述

南昌大学的前身是于1912年更名的江西工业学校与1940年在江西太和成立的国立中正大学。

中正大学创办初期只设有文法、工、农3个学院。工学院设有机电工程、土木工程、化学工程3个系。抗日战争期间迁至宁都长胜，抗战胜利以后迁回南昌。校址在南昌市内望城岗。至中华人民共和国成立前已逐步发展成文、法、理、工、农5个学院。工学院仍只设机电工程、土木工程和化学工程3个系。国立中正大学于1949年8月1日更名为南昌大学。

南昌大学土木工程系的另一源头可追溯到1912年更名的江西工业学校土木科。

清朝末年，提学使筹设工业学堂于豫章书院，任曾贞为监督。工业学堂创办伊始只招收预科生两班，计80余人，于清宣统三年(1911)开学，设土木、机械、应用化学3科。同年春改工业学堂为江西工业学校。以后，学校曾先后更名为江西公立工业专门学校、江

南昌大学组建时南区校门

西省立甲种工业学校、江西省立第一甲种工业学校。至 1923 年秋
季, 学校再度易名江西省立工业专门学校。1931 年秋, 向民国教育
部呈准改办专科, 遂更名为江西省立工业专科学校。此校名沿袭至
与南昌大学合并。1939 年秋季起, 改为五年新制专科。1942 年恢复
招收采冶科, 至此, 江西省立工业专科学校保持有土木、机械、应用
化学及采冶 4 个专科。

　　前中正大学更名为南昌大学与江西省立工业专科学校等几所专
科学校合并以后, 原南昌大学工学院的土木工程、化学工程两系照
旧, 机电工程分为机械、电机两系, 并增设矿冶系, 原属工专的土
木、机械、化工、采冶四个中等技术科并入南昌大学工学院。

南昌大学组建时北区校门

第二节　江西工业专科学校土木工程科

一、江西工业学校的诞生及更名

1910 年江西提学使设工业学堂于南为豫章专院。1911 年，改称江西工业学校，设土木、机械、应用化学 3 科。1912 年，改为江西省立工业专门学校。

1913 年，改称甲种工业学校。1914 年，改称第一甲种工业学校。1923 年，改为工业专门学校，设机械、化学各一班(土木工程科停办)。1915 年，添设采矿、冶金科预科一班。1927 年，与本省法、医、农三专校合并为中山大学，本校为工业专门部。不久，中山大学停办，本校仍恢复为工业专门学校。1928 年，共开办土木、机械、应用化学各一班，又附设高中工业科。1931 年，改为工业专科学校。除高中工业科外，有土木、采冶科各一班。1934 年，停招采冶科学生。1935 年，增招应用化学科一班。

1937 年 8 月，抗日战争爆发，南方即遭敌机轰炸。本校被迫疏散，专科土木工程及应用化学两科迁至南昌附郭之皇城寺。同年秋季因国立同济大学自赣迁滇，其临时校舍空出，本校呈准将赣县城外两专科及南昌之机械科全部迁入。1939 年 6 月，赣县叠遭轰炸，遂全部移至距云都县城十五公里之上营村。

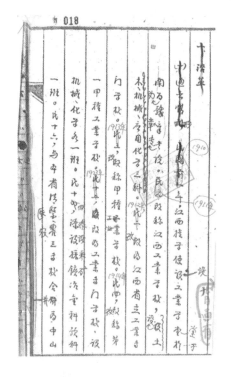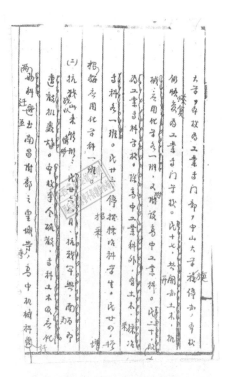

江西工业专门学校部分沿革(资料来源：江西省档案馆 **J038** 号文件)

二、江西工业专科学校土木工程科的学生人数

1911 年，江西工业学校兴校伊始即开设了土木工程科。

1923 年，改为江西工业专门学校土木工程科，后土木工程科停办。

1928 年，恢复土木工程科。

1932 年，土木工程科有学生 3 名。

1933 年，土木工程科有学生 5 名。

1934 年，土木工程科有学生 2 名。

1935 年，土木工程科有学生 4 名。

1936 年，土木工程科有学生 2 名。

1937 年，土木工程科有学生 2 名。

原书第2页
仅样图有水印
shop.kongfz.com/239987

1939 年，土木工程科一、二、三年级各有 1 班学生共 45 人(其

中旧制专科三年级 5 人, 二年级 8 人, 新制专科一年级 32 人)。

1946 年, 土木工程科共有 5 个年级, 每个年级各有 1 班学生, 共有学生 137 人(其中一年级 38 人, 二年级 39 人, 三年级 33 人, 四年级 17 人, 五年级 10 人)。

三、江西工业专科学校土木工程科课程设置

(一)课内(以 1946 年为例)

第一学年:

科目	每周课时数	科目	每周课时数
公民	1 小时	物理	3 小时
国文	4 小时	化学	4 小时
英文	5 小时	历史	2 小时
代数	3 小时	制图	3 小时
三角	4 小时	体育	2 小时
合计 31 小时			

第二学年:

科目	每周课时数	科目	每周课时数
公民	1 小时	解析几何	3 小时
图文	4 小时	平面测量	6 小时
英文	5 小时	制图	3 小时
地理	2 小时	体育	2 小时
物理	4 小时		
合计 30 小时			

第三学年:

科目	每周课时数	科目	每周课时数
公民	1 小时	应用力学	5 小时
国文	3 小时	铁道测量	6 小时
英文	3 小时	制图	3 小时
化学	4 小时	体育	2 小时
微积分	3 小时		
合计 30 小时			

第四学年:

科目	每周课时数	科目	每周课时数
人民主义	2 小时	工程材料	3 小时
水力学	4 小时	制图	3 小时
道影工程	5 小时	体育	2 小时
结构原理	6 小时	合计 29 小时	
工程地质	4 小时		

第五学年:

科目	每周课时数	科目	每周课时数
电气工程大意	4 小时	给水工程	4 小时
钢筋混凝土设计	6 小时	桥梁设计	6 小时
坊工及基础	5 小时	体育	2 小时
工程材料	3 小时	合计 30 小时	

(二)课外

为使学生学到更多的课外知识,以更好地适应社会生活的需要,学校设有课外活动委员会以专门指导学生日常生活。委员会分 7 部，分别为学艺指导部、游艺指导部、讲演指导部、运动指导部、民众教育指导部、合作武术指导部。

(三)适应时势增加应急课程

如抗日战争时期，土木工程科在建筑课程中增加了"防空建筑"、"防空建筑构造"、"防空建筑材料"等课程。

四、江西工业专科学校土木工程科师资

(一)1935 年土木工程科教员：

邓康南(后相继调至中南土木建筑学院、长沙铁道学院)，任教体育，曾任教于浙江大学、中央政治学校；

王　浩(后相继调至中南土木建筑学院、长沙铁道学院)，任教筑沟渠工程、水力学、土木工程；

殷文澜，土木工程科主任，美国康奈尔大学土木工程硕士毕业；

熊视华，任教土木工程，国立中正大学土木工程系毕业。

(二)1937 年土木工程科增添资深教员：

刘锡义，江西省立工业专科学校高级及土木科毕业；任土木工程教员；

邹德彝，美国普渡大学土木工程学士，任铁道工程教员；

王修寀，美国普渡大学土木工程学士，任铁道工程、桥梁教员；

杨克刚，美国普渡大学土木工程学士，任市政工程、铁道管理教员；

杨荫纯,日本京都帝国大学土木科学士,任土木科主任,任教桥梁道路。

(三)1939年土木工程科增添资深教员:

肖理昌,国立交通大学土木工程学士;

欧阳良桂,国立北平师范大学理学士;

刘方由,国立武昌师范大学毕业;

余家闻,前北京汇文大学毕业;

傅琰如,英国伦敦大学毕业。

(注:因资料缺失,这里只记录了1935、1937、1939三年的情况)

五、江西工业专科学校土木工程科毕业生情况

(一)江西省立工业专科学校1935—1937年毕业生状况调查表

类别		土木科				高级土木科			
年度		1935年	1936年	1937年	三年总计	1935年	1936年	1937年	三年总计
总计		47	64	72	183	15	6	5	26
	男	45	63	72	180	14	6	5	25
	女	2	1		3	1			1
失业		10	33	46	89	3	2	5	10
就业	共计	35	31	19	85	10	4	0	14
	男	34	31	19	84				
	女	1			1				
升学		1		7	8	2	0	0	2
死亡		1			1		无		

(二)江西工业专科学校土木工程科1936年毕业生就业情况

姓名	性别	服务单位	职务	升学学校
钱读元	男	江西电政管理	报务员	
黎渊	男			上海大学
金再生	男	江西公路交通局	助理员	
毛祥渭	男	南昌市政委员会	助理员	
石奎拱	男	江西公路处	助理员	
吴昆	男	江西公路处	监工	
苑樊	男	江西公路处	测量	
杨用行	男	航空测量处	助理员	
龙守智	男	南浔铁路局	工务员	
余世康	男	南浔铁路局	工务员	
王璠	男	南浔铁路局	工务员	
曾心田	男	南昌市政委员会	助理员	
胡裕孙	男	江西水利局	工务员	
熊修懿	男	(情况不详)		
许瑞祺	男	金容县立小学	教员	
朱士英	男	临川水利委员会	测量工	
丁启鹏	男	浙赣铁路机务班	受训	
王家廉	男	江西电政局	报务员	
陈至率	男	航空测量处	助理员	
陈渊	男	航空测量处	助理员	升学学校
欧阳锦	男	南昌俊兴建业公司	监工	
刘训泉	男	航空测量局	助理工	
李德廉	男	临川县水利委员会	测量工	
杨炳汉	男	(情况不详)		
尹光升	男	南浔铁路局	助理员	
王习仁	男	江西公路处	助理员	

就业情况说明：

就业学生中就业职务与原学习科目有关系者占总额 40.2%；

就业职务与原学习科目无关系者占总额 22.1%；

升学者与原学科目有关者占总数 12.7%；

学校介绍就业者占总数 18%；

师友介绍就业者占总数 31%；

考试就业者占总数 0.1%；

赋闲者占总数 16.4%；

状况不详者占总数 1.7%。

（注：因资料不全，这里只记录了 20 世纪 30 年代后期的相关情况）

第三节　国立中正大学土木工程系

一、国立中正大学及其土木工程系的创始

国立中正大学是南昌大学的前身。南昌大学系 1949 年 8 月 1 日由国立中正大学更名而来。

国立中正大学是民国时期民国教育部拨款一百万元给江西省政府在江西抗战后方泰和县杏岭村（1940 年日军攻占南昌，江西省政府机关陆续迁至泰和杏岭村，泰和成为临时省会）成立的一所综合大学。其校名取义于中国传统文化中的重要理念"大中至正"。1945 年 8 月 15 日日本宣布无条件投降，国立中正大学随即迁往南昌望城岗。

创建之初，学校只有文法、工、农三个学院。工学院设置有土木工程系，至建国前夕，逐步发展为拥有文、法、理、工、农五个学院

的大型综合性大学。1949 年 8 月 1 日中正大学更名为南昌大学,与原江西工业专科学校等校合并后,原中正大学土木工程系与原江西工业专门学校土木工程科合并成为南昌大学土木工程系。

二、国立中正大学土木工程系的师资

国立中正大学虽只存世 9 年,其土木工程系的历史虽远不如江西工业专科学校土木工程科久远,但其学校及师资实力却高出一筹,其名家(名师)汇集竟成一时之盛。到 1944 年,中正大学校本部便拥有专职教师 203 人,其中教授 17 人,副教授 39 人,且这些专家教授大多集中在土木工程系。如教授蔡方荫、魏东明、戴鸣钟、黄学诗、章远通、樊哲悬、李绍德(后调至长沙铁道学院),副教授万良逸、程昌国等都在土木工程系执教。蔡方荫教授系当时国内首屈一指的土木建筑结构力学权威、混凝土专用代词"砼"的发明人。1925 年,蔡方荫于清华学堂土木本科毕业后留学美国,获麻省理工学院土木工程硕士学位,硕士毕业后曾一度任职纽约迪·高德森工程事务所顾问工程师。回国后先后任教于清华及西南联大。国立中正大学成立后毅然前往江西泰和,先后担任国立中正大学组建筹备委员会委员、工学院院长、土木工程系教授(1955 年蔡方荫被评选为中国科学院首批院士)。

当年国立中正大学土木工程系师资实力强劲的另一个历史事实是,该校自成立的那一年起,其土木工程系便成立了土木工程学会。该学会自 1940 年起便开始创办了《正大土木》会刊。迄今,孔夫子旧书网站仍然陈列有该学会分别于 1941 和 1947、1948、1949 年出版的《正大土木》创刊号和第二卷、第三卷、第四卷(售价数千元)。

国立中正大学土木工程学系教员情况:

国立中正大学校门

1940 年

教授：蔡方荫(工学院院长兼土木工程学系主任)、张闻骏；

副教授：吴时铭；

讲师：徐广裕、戴良谟、郑一善、赵仲敏；

助教：万万贯、郭德爱、万良逸、徐贤议、熊正瓒、周桁勋、刑正诚。

(说明：上述系当年国立中正大学工学院的全体教师名单，土木工程学系教师无法单独列出)

1944 年

教授：蔡方荫、戴良谟、俞调梅(兼系主任)、王修宷、何正森；

副教授：刘方由、聂湘蓉、许德珍；

讲师：郭德美、黄正中、张学铭、彭旭虎、刘俶麟、吴伯鸣、丁浩、万良逸、谢炳南；

助教：涂传桂、熊观修、江作昭、郭善间。

1945 年

教授：俞调梅(兼系主任)、蔡方荫、王修寀、何正森、邵德彝、李绍德(后相继调入中南土木建筑学院、长沙铁道学院)；

讲师：丁浩、万良逸、虞国栋、谭天赐；

助教：涂传桂、熊观修、江作昭、解沛基、董涤新、陈仲华。

1946 年

教授：王修寀、邵德彝、殷之澜、蔡方荫；

副教授：章远遁；

讲师：丁浩；

助教：熊观修、涂传桂、陈仲华、解沛基、董涤新、张光雄。

1947—1948 年

教授：黄学诗(兼系主任)、李绍德、王修寀、蔡方荫、邵德彝、殷之澜；

副教授：丁浩、聂湘蓉；

讲师：涂传桂；

助教：涂传桂、陈仲华、董涤新、黄克智、杨人伟、潘承朴、徐彰、王世纪。

此图系国立中正大学土木工程系 1945 年度教员名单手写稿。所圈教员李绍德教授后调入长沙铁道学院(资料来源：江西省档案馆 J037 号文件)

三、国立中正大学土木工程系的课程设置

1940—1944 年

第一学年：国文、英文、微积分、物理学、工程画、画法几何、工厂实习、三民主义、卫生学、音乐、军事训练、体育(以上科目均为必修)，经济学、铁路曲线及土工；

第二学年：普通化学、微分方程、经济学、静动力学、材料力学、工程制图、测量、机动学、铁道曲线及土工、暑期测量实习、军训、体育(以上科目均为必修)。

第三学年：结构学(一、二)、水力学、工程材料、材料实验、工程地质学、机电工程、道路工程、钢筋混凝土、卫生工程、铁路工程(一)、热机学、污土及地基、军训、体育(以上科目均为必修)，建筑原理及设计、房屋建筑河工学。

第四学年：房屋建筑、钢筋混凝土设计、结构设计、工程契约及估价、毕业论文、体育(以上科目均为必修)，水力发电工程、普通心理学(选修)、卫生工程、民法概要、结构学(三)、灌溉工程、水文学。

1945 年，第四学年开设铁道工程(二)，并为必修课程；

1946 年，第四学年增开设铁路工程(二)，并为必修课程；

1947 年，第四学年增开设铁道设计，并为必修课程；

1948 年，第四学年增开设铁道设计。

国立中正大学土木工程系 1944 年应届毕业生成绩表

（资料来源：江西省档案馆 J037 号文件）

四、国立中正大学土木工程系的人材培养

（一）国立中正大学土木工程系逐年学生人数

国立中正大学 1940 年正式成立并开始招生，4 年后开始拥有大学本科一至四年级完整的建制。

1944 年

本科：一年级 44 人，二年级 30 人，三年级 20 人，四年级 32 人；

专科(资料缺)。

1945 年

本科：一年级 30 人，二年级 48 人，三年级 25 人，四年级 48 人；

专科：一年级 30 人，二年级 23 人。

1946 年

本科(资料缺)；

专科：一年级 23 人，二年级 17 人。

1947 年

本科：一年级 40 人，二年级 31 人，三年级 47 人，四年级 25 人；

专科(资料缺)。

1948 年

本科：一年级 26 人，二年级 12 人，三年级 45 人，四年级 26 人；

专科(资料缺)。

(二)国立中正大学土木工程学系优秀毕业生举要

▲1945 年毕业于国立中正大学土木工程系的解沛基先后担任清华大学教授、常务副校长。

▲中正大学土木工程系第一届毕业生江作昭曾任清华大学教授。

▲1948 年毕业于中正大学土木工程系的黄克智以全国土木类第一名成绩考取清华研究生，师从著名力学家张维，后来先后当选为中俄两国院士。

▲1946 年考入中正大学土木工程系的曾庆元后来成为中南大学教授、博士生导师，因开创性地解决了铁路百座桥梁难题，1999 年当选为中国工程院院士。

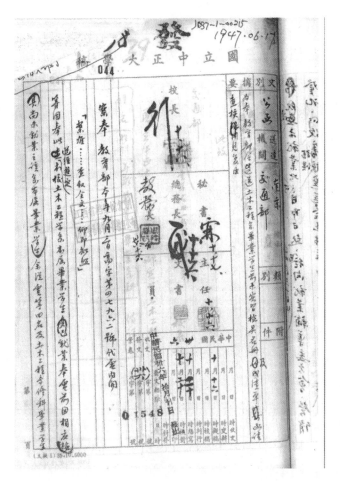

国立中正大学 1947 年土木工程应届毕业生就业公文

（资料来源：江西省档案馆 J037-1-00215 号文件）

五、国立中正大学土木工程系学生管理情况

关于国立中正大学土木工程专业的学生管理情况，由于无法收集到当年的系统资料，只能根据仅有的不完全资料展示其部分"细

节"。

　　▲十分重视学生的品德操行

　　据江西省档案馆一卷卷宗号为 J037-1-01097 的库存文件记载：1943 年，国立中正大学土木工程学专业一个由王交昌起，黄家骏止的 30 个人班级的操行、奖惩情况是：四个学年，有 12 人次获 80 分以上(甲等)，1 人次获 60 分(丙等)，其余均为 70-79 分(乙等)；1 人被开除，1 人被勒令退学，3 人次被警告，1 人次被记大过，14 人次被记小过，其余均未受过任何处分。

　　据江西省档案馆一卷卷号为 J037-1-01099 的库存文件记载：1947 年，国立中正大学土木工程学专业一个由尹少卿起，张和青止的 42 个人班级的操行、奖惩情况是：四个学年，有 44 人次获 80 分以上(上等)，3 人次获 65 分(中下等)，其余均为 70-79 分(中等)；1 人被警告处分，1 人被记大过二次。

　　据江西省档案馆一卷卷宗号为 J037-1-00526 的库存档案记载：1947 年度第一学期，土木工程学系一名名叫邹法继的二年级学生因"考试舞弊"被开除学籍。

　　▲对每一位学生负责到底

　　据江西省档案馆一卷卷宗号为 J037-1-00215 的库存文件记载：时值 1947 年 10 月，国立中正大学因本校土木工程学系本届本科毕业生余从云、欧阳铄、王交昌、孙长生和专科毕业生陈纪方、许玉□、黄修兴、邹钦魁、应家骈、武健生"尚未就业"一事，十六日，学校秘书长、总务长、教务长联合草拟推荐函，并于十八日经校长批准，于二十日连同上述学生"名册及成绩单"一并送往国家交通部，以期安排工作。

　　又据江西省档案馆一卷卷宗号为 J037-1-00217 的库存文件记载：

　　1947年5月7日，国立中正大学经由校长批准，秘书长、总务长、教务长联合致函津浦铁路局："查本大学工学院土木工程学系本年暑期应届毕业学生亟待就业藉展所学，近闻贵局各项工程亟需此项人才补充，兹将志愿前往贵局服务之该系毕业学生名册一份，需用人员通知单一份随函附上，即希，惠予选用，见复为荷！"

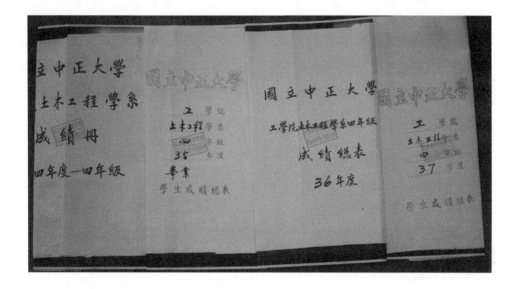

　　据江西省档案馆几卷总卷宗号为 J037-1 的库存文件记载：从1944年国立中正大学土木工程学系开始有学生毕业开始，每一年都是学校先将毕业名册并学业、操行成绩报送至教育部，经教育部审核返回学校后，学校又将毕业生名册及成绩单转送至交通部，以俟给学生一一分配工作。

第四节　南昌大学土木工程系师生的两度调遣

一、第一次

1953 年，全国第二次院系调整，南昌大学土木工程系师生员工全部调入新组建的中南土木建筑学院工作和学习。

调入中南土木建筑学院教职员名单：

学校负责人：魏东明(原南昌大学校务委员会副主任兼秘书长)、戴鸣钟(原南昌大学总务长)；

教授：王修寀(工业与民用建筑)、殷之澜(铁道建筑)、黄学诗(工业与民用建筑)、章远遹(基础课)、樊哲悬(工业与民用建筑)、李绍德(铁道建筑，后调入长沙铁道学院)、王学业(俄文)、傅琰如(俄文)、杨克刚；

副教授：万良逸(桥梁与隧道)、王浩(工业与民用建筑)、程昌国(汽车干路及城市道路)、邓康楠(体育，后调入长沙铁道学院)；

讲师：吴镇东(汽车干路及城市道路)、王世纪(工业与民用建筑)、杨人伟(基础课)、贝效良(基础课)、熊视华(基础课)、董涤新(工业与民用建筑)；

助教：熊友椿(汽车干路及城市道路)、曾庆元(基础课)、熊剑(汽车干路及城市道路)、韦怀义(铁道建筑选线设计)、萧寅生(铁道建筑选线设计)、周吉蕃(铁道建筑选线设计)、陈在康(工业与民用建筑)、蒋中原、王安纪、贝效良、熊视华。

二、第二次

1959 年，中南土木建筑学院解体，"铁三系"（铁道建筑、桥梁与隧道、铁道运输）师生员工及部分公共课教师调入新组建的长沙铁道学院。

调入原长沙铁道学院的原南昌大学土木工程系教师有：

教授：李绍德（铁道建筑）

副教授：王浩（工业与民用建筑）、邓康楠（体育）

讲师：曾庆元（基础课）

第五章　中南大学路科溯源之云南大学铁道管理系

第一节　东陆大学土木工程系

一、东陆大学问世

云南筹议创设大学,始于1915年。当时云南省政府派员赴全国教育行政会议时,所拟计划案内,曾经筹议在本省设立大学,并拟议以后非经大学毕业者,不能选派外国留学。

1918年,在滇、川、黔三省联合会议上,又有设立联合大学的倡议。

大学之设遂由一般酝酿,转入筹备阶段。

1920年夏,云南第一批留美学生董泽、杨克嵘、陶鸿焘、卢锡荣、段伟、肖扬勋、何瑶、周恕等人学成回到云南,他们既是创设大学的倡议者,又是筹备大学的骨干和主要师资力量。其时,云南中等学校亦有较大发展,仅昆明已有中等学校十多所,学生达三千余人,要求升入大学以求深造者日益增多,社会各界对兴办大学"颇为

东陆大学校门

迫望"。云南督军兼省长唐继尧也打出了废督裁兵、振兴实业和交流东西文化的旗号。所以，当董泽等人向唐继尧建议创立大学时，立即得到唐继尧的支持与鼓励，并允在经济上加以资助，随即指令参议王九龄、秘书官董泽主持筹备事宜。设筹备处于翠湖之水月轩。

10月22日，董泽拟就《东陆大学进行计划概略》。《概略》开头说："中国频年多难，学务废弛。大学教育不发达，遂致人才缺乏，文化未兴。感此痛苦，西南各省为甚，而滇省为尤甚。联帅唐公(唐继尧)恻然忧之，故拟在滇中设立一大学，为培养人才、昌明学术之远图。"学校扩充之程序，初期先立大学预科及大学本科，分文学、政治、经济、教育等4组，共7年毕业。二期添设矿科、机械科、土木工程科。三期添设医科、农科。

私立东陆大学时期设在会泽院的绘图室

11月6日《滇声》发表题为《云南设立大学之好消息》的消息。披露大学已定名"东陆",由唐继尧兼任校长,王九龄任副校长,董泽任教育长。

1922年12月8日,私立东陆大学宣告正式成立。

1922年12月17日至1923年3月28日,东陆大学发布招收预科生广告。

1923年3月31日,预科生开始注册。

1923年4月15日,预科学生移住本校,先就农业学校房屋居住。

1923年4月20日,东陆大学举行隆重的校本部(即会泽院)奠基及开学典礼。省长唐继尧、各机关长官、各国驻滇领事、各学校及公共团体共数千人参加了这次盛典。

据《东陆大学进行计划概略》记载,东陆大学创办之初衷"为养成专门实业人才"。为了践行这一初衷,东陆大学一开始便将"培养土木路科人才"纳入了"进行计划"之中。

私立东陆大学时期设在会泽院的教室

1925 年, 私立东陆大学工科院正式设立土木工程系并开始招收新生。

二、东陆大学土木工程系的课程设置

(一)私立东陆大学土木工程系的课程设置

1922 年, 大学筹备处以北京政府《大学令》为蓝本, 制定了《东陆大学组织大纲》。《大纲》有云: "本大学以发扬东亚文化, 研究西欧学术, 俾中西真理融会贯通, 造就专才为宗旨。" 私立东陆大学教学计划, 就是围绕这一宗旨, 由教授会研究制定。教授会 8 项职责中的第 3 项规定: "编定各科各系之教授课程。"

1923 年, 理预科主要课程有:

第一学年　国文(12)、英文(24)、代数(7)、几何(6)、生理卫生或公民学(2)、用器画(1.5)、体操(2)。

私立东陆大学土木工程系 1925 年课程设置

(资料来源:《云南大学史料丛书之教学卷》P218-219)

第二学年　国文(10)、英文(18)、三角(6)、物理(6)、物理实验(2)、化学(6)、化学实验(2)、高等代数(3)、体操(2),共 59.5学分。

所有预科生必修科目有:

国文、英文、算术、代数、几何。

土木工程系课程设置:

无机化学、定性分析、测量学、测量实习、解析几何学、图解几何、机械制图、木工实习、金工实习、国文、英文、法文、高等物理学、物理学实验、高等数学、微积分,普通地质学、测量学及实习、热引擎、翻砂实习、机械实习、应用力学、建筑学、水力学、铁道测量及实习、材料强弱实习、钢铁学、汽车路建筑学、铁道工程、电气工程、经济学、世界历史、石工学、建筑材料实习、桥梁设计、钢筋混合土构造法、卫生工程学、铁道经济学、毕业论文、工业经济、工业簿记。(另"铁道转运"设置在经济系)

(二)省立东陆大学土木工程系的课程设置

1928 年龙云主政云南。1930 年龙云改组省教育厅，委任龚自知为厅长。为"谋教育系统之调整，教育事业之联络及大学本身之发展"，省府拟将私立东陆大学改组为省立东陆大学。

1930 年，私立东陆大学正式改为云南省立东陆大学，校长董泽辞职，云南省政府委令副校长华秀升代理校长。

经过私立东陆大学的建设发展，省立东陆大学系科设置开始增多，并仿欧美体制按学科成立学院，院下设系，形成校、院、系三级管理体制。

随即，省立东陆大学编制了《各院、系、科课程纲要》。《纲要》对学分制的实施及学分数的要求做了修改。《纲要》规定每周上课 2 学时，满一学期才能算 1 学分，每周上课 3 学时满一学期算 2 学分。有的要每周上课 3 学时，满一学期才算 1.5 学分。又规定：一、二年级每学年最多不能超过 40 学分，三、四年级每学年最多不能超过 36 学分。党义、体育、军训等课程为全体学生必修课，不计算学分，但必须及格才能毕业。

《纲要》虽然规定各科系至少要修满 146 学分才能毕业，但真正实行的结果是，所有的系科都超过了规定的学分数。如土木工程系便达 156 学分。土木工程系当时的课程门数及总学分为 45 门(不分必修选修)，共 156 学分。

三、东陆大学土木工程系所在学院(部)的师资情况

(一)私立东陆大学师资情况

教育必先有教师,教师乃是教育成功的关键。私立东陆大学尚在筹备时,筹备处长董泽非常清楚地认识到这一点,他在筹备工作之中,始终把"物色教师,最是第一要务"作为筹备的重点。他在《东陆大学创办纪略》中最后写道:"一思及今后职责之重,成有待大雅君子,以时见教,示其周行。世有热心教育者,幸赐我百朋以教之。"董泽求贤若渴的心情,跃然纸上。

1912年,云南省第一批学生出国求学。其中包括董泽、杨克嵘、卢锡荣、段伟、肖扬勋、何瑶、周恕等人。1920年,第一批留美、留法等学生毕业回国。他们在国外期间,勤奋学习,分别获得学士、硕士、博士学位或工程师等职称,成为精通某门学科的专家。这批青年,不仅是云南创办大学的热心人,而且也是大学成立之后的骨干教师。东陆大学在制定教师聘任条件时,莫不以他们为设想对象。当时虽然大学师资匮乏,但私立东陆大学每一学科除各科主任6人兼授少数课程外,每科均聘请教授数人,该教授等所任之科目钟点,实负该科教学上重要责任。如工科教授岑立三专任教铁路建筑学、段伟专任教建筑测量学,何瑶专任教数学、热机学。

下列人员先后被私立东陆大学聘任为土木工程系所在的工学部任教:

姓名	留学国家	职称	担任课程和行政职务	姓名	留学国家	职称	担任课程和行政职务
周恕	美	教师	物理	何瑶	美	讲师	1. 担任数学、热机学教学；2. 先后担任工学院院长，学校副校长、校长
杨克嵘	美	教师	三角、物理、机械制图	赵家遹	美	讲师	算术、代数物理学
肖扬勋	美	教师	用器画	马嘎泰		教师	英文(法籍)
余铭钰		讲师	化学、英文	安汝智		教师	英文(法籍)
严继光	美	讲师	英文	柳希权	法	讲师	几何
聂长庆		教师	理化	李炽昌	美		后任土木系主任
段伟	美	讲师	建筑测量学	岑立三		讲师	铁路建筑学
毕近斗		讲师	算术、数学，后为土木工程系主任				

(二)省立东陆大学的师资情况

20世纪30年代，省立东陆大学时期，由于战乱刚息，政府经济困难，拨给经费较少，因此无力向省外聘请教师，本省籍的一些教师也因各种原因离职。为解决教师缺乏问题，学校一方面继续在本地聘请教师，一方面鼓励职员兼课，校长、院长、系主任都兼有数量不等的课程。

据1936年省立云南大学印制的《云南大学一览》中记载：省立东陆大学土木工程专任教师有毕近斗(土木工程系主任)、周锡夔、段伟、李炽昌、聂长庆等；新聘教师有周钟岳、杨鸿烈、赵鹏、程关源等；职员兼任教师的有何瑶（工学院院长）、李永清（教育学院院长）、邓鸿藩（文理学院院长）等。

1932年，何瑶续任校长，但仍兼工学院院长，并担负教学任务。

后来经济情况稍有好转，便除照旧聘任本省名流及专门学者外，还聘请了美国夏威夷土木工程专家陈关源先生。陈君系华侨，原籍广东，于檀香山大学毕业，曾任檀香山市府工程师，对土木工程颇有研究。

其时，云南省立东陆大学理（工）学院其余教授名单如下：

院长：何元良；教授：聂耕余、毕仲垣、杨季岩、何殿生、巴图文、罗紫台、邹子彦、何去非、彭禄炳、李颂鲁。

四、东陆大学土木工程系的招生及学生毕业情况

（一）私立东陆大学土木工程系的招生及学生毕业情况

1922年12月17日至1923年3月28日，私立东陆大学发布招生公告，告知私立东陆大学第一届新生招生于1923年1月10日开始报名，3月22日进行入学考试，3月28日发榜。当年原计划招预科班4班，每班定额50名，共200名。报考者300余人，因成绩不佳，被取为预科生者仅20余人。

1925年春，东陆大学开始创办大学本科。本校预科生毕业后，除可应聘为中学及师范学校任教及考入京、沪、香港大学者外，多数升入本校本科学习。为适应云南需要及本校实际，东陆大学本科先设文、工两科。工科分设土木工程、采矿冶金两系。因报考人数不够，仅土木工程系招得7人且因采矿冶金系因一时设备不及，故当年仅开办了土木工程系。

1926 年，土木系招生仅得 1 名(采矿冶金系仍未招生)。

1928 年年底，私立东陆大学第一届文、工本科生毕业，共 27 人。其中工科之土木工程系毕业生 7 人。是为云南自办大学以来有正式大学毕业生之嚆矢。

1929 年 12 月 13 日，私立东陆大学文、工本科第一届毕业生恭送日晷一架。底盘镶石阶三级，阶之上为日晷座，高 4.5 尺。前面题"如日之升"四字，后面书"中华民国十八年十二月十三日同建"。左右刻本科第一届毕业生彭元槐等 28 人姓名。座上日晷系大理石制成，置于至公堂与会泽院之间。文、工本科第二届毕业生送圆形石桌一张，书篆文"留校纪念"4 字及第二届毕业生施凤飞等 5 人姓名，置于会泽院旁风节亭中。

(二)省立东陆大学土木工程系的招生情况

1930 年，省立东陆大学土木工程系继续招生。

1931 年，东陆大学改科为院，其原有工科改为工学院，工学院仍设土木工程与采矿冶金二系。

1933 年数理系并入，更名为理工学院。至此，理工学院设有土木工程、采矿冶金、数理三系。

1931 年 2 月 14 日《义声报》报载消息：东陆大学布告先招文学院文学系、教育系、政治经济系及工学院土木工程系、采矿冶金系新生，每系四十名，四年毕业，以高中毕业或有同等程度者为合格。报名日期：自二月十二日起至二十一日止；地点：东陆大学稽查处；手续：呈交毕业证书及最近半身四寸相片，并缴实验费三元(录取与否及因事不能与考者，概不退还)；考试科目：文科：国文、中外历史、中外地理、算术、代数、几何、三角、英文、名学、政治经济(工科加试高等数学、用器画)。取录后须填具志愿保证等书，并呈缴学术讲义等费及赔偿准备金等。一律缴清后方准入校。

1933 年 2 月 10 日《云南民国时报》载消息:云南省立东陆大学发布招生广告:工学院招土木工程系一班,名额定为四十名,凡高中毕业或旧制师范毕业而有服务成绩者均可投考报名,日期原定二月七日截止,兹因外县学生未能依期到省报名,函请展限前来,拟将报名日期延展至本月十五日,以免向隅,报名地点本校稽查室。

又据云南大学有关校史资料记载:1933 年,其工学院原有学生 50 余名,分土木工程及采矿冶金两系。土木工程四、三年级学生各一班。当年工学院招收土木工程系学生一班。因学生待遇提高、师资充实、各地高中毕业生甚多之故,投考学生之踊跃,为历年之最。

1933 年年底省立东陆大学统计共有在校学生 356 人,其中工学院土木工程系学生 56 人。

1930—1934 年 省立东陆大学土木工程系实际招生人数:

1931 年, 19 名; 1932 年, 无; 1933 年, 16 名; 1934 年, 16 名。

第二节　云南大学之土木工程系

一、云南大学土木工程系的归属及课程设置

(一)省立云南大学土木工程系的归属变更

1934 年 9 月 16 日,云南省立东陆大学更名为省立云南大学。《省立云南大学组织大纲》指出:本大学由云南省政府设立,其经费由省款支给。本大学之设立及变更等事,应呈报云南省政府教育厅

核转办理；根据"中华民国"教育宗旨，以研究高深学术，造就专门人才为宗旨；本大学根据固有基础及事实需要，先设文法、理工、医学等院……理工学院先办土木工程、采矿冶金、数理3系，聘任毕近斗为土木工程系主任。

1937年，土木工程等系从理工学院分出独立建成工学院，增设铁道管理学系。工学院首任院长杨克嵘，任期自1938年至1944年。1945—1947年，工学院院长由校长熊庆来兼任。1947年起，丘勤宝担任院长。

(二)省立云南大学初期土木工程系的课程设置：

一年级上学期：平面测量、测量实习、机械制图、工厂实习(共4门，6学分)；下学期同。

二年级上学期：法文或德文、最小二乘方、定性分析、应用力学、高等测量、测量实习、工程制图、工厂实习(共8门，17学分)；下学期：图解几何、工程地质学、材料强弱，其余与上学期同(共7门，17学分)。

三年级上学期：法文或德文、结构学及设计、道路建筑学、电气工程、电工实习、水力学、材料试验、热力学(共8门，16学分)；下学期：法文或德文、结构学及设计、道路建筑学、铁道工程、钢铁学、水力实验、建筑材料、水供学(共8门，19学分)。

四年级上学期：结构学及设计、石土学、钢筋混凝土、市政工程、工业管理(共5门，13学分)；下学期：结构学及设计、市政工程、工业簿记、毕业论文(共4门，10学分)。

此外，土木工程系还依据专业特点，分别开设有关建筑工程的图解力学、房屋建筑、房区计划、工厂建筑、桥梁设计、图案画等课程；有关铁道工程的桥梁设计、铁路计划、铁路保养、道路桥梁、铁道建设等课程；有关水利工程的河道工程、沟渠工程、卫生工程、灌溉工程和水文学等课程。

省立云南大学时期学生的课外体育活动

此期间，土木工程系除开设全校性必修科目外，还开设本系必修科目 39 门，104 学分。其中 17 门为学年课。

(三) 国立云南大学土木工程系的课程设置

省立云南大学于 1938 年 7 月 1 日改为国立云南大学。

国立云南大学初期土木工程学系的课程设置如下：

年级	必修科目	选修科目
一年级	上学期：物理学、化学、投影几何、工...实习（共4门，13学分）；下学期：...程图（其余与上学期同，共5门，15学分）	
二年级	上学期：工程材料、平面测量、地质学、最小乘方及应用天文或微分方程（共6门，12学分）；下学期：热机学、机动学、平面材料试验、机道测量及土木或水利学（共5门，14学分）	
三年级	上学期：大地测量、结构学、钢筋混凝土、道路工程、水力学或铁道测量、电工学（共6门，17学分）；下学期：结构学、钢筋混...铁道工学、...验、水文学、水力试验（共9门，17学分）	结构组必选科目：高等结构计划、房屋建筑、钢筋混凝土拱桥计划、钢结构计划、高等结构学、钢桥计划（共6门，16...必选科目：河工学、运河...工计划、水工计划、污水工程（共8门，19学分）；路工组必选科目：高等道路工学、养路工程、道路计划、铁道管理、铁道计划、钢桥计划、道路材料实验、铁道号志隧道工程（共8门，18学分）
四年级	毕业论文（上下学期同，共计1门，2~4学分）	

二、云南大学土木工程学系的师资

（一）省立云南大学的教师聘任

1.教师

《省立云南大学组织大纲》规定："本大学各院系设教授、副教授、讲师、助教若干人,由院长或科主任商请校长聘任之。"学校依据"大学教育,事属专门,责任至巨,任务甚紧"的原则,明确规定:"拟凡各系主要学科,概以专任教授担任,此项专任教授,如本省一时无相当人选,概向外省或外国,择其本科有精深研究者,延聘来校担任。"在此原则指导下,省立云南大学所聘教师水平较高,师资阵容居当时国内高校上乘之列。此期间,土木工程系共聘任王伟等 4 名教授,1 名讲师,3 名导师,1 名教员,4 名助教。

2. 云南大学省立期间的土木工程系系主任:

1934 年,王伟为土木工程系主任;

1935 年,毕近斗为土木工程系主任;

1937 年,李颂鲁为土木工程系主任。

(二)国立云南大学初期土木工程系的师资

1. 教师

国立云南大学初期土木工程系教师任教科目

教师	任教科目
李吟秋	土木设计、桥梁道路工程、铁道管理
王源璋	探矿学、采矿学、矿道运输、平面测量、材料力学
姚　瞻	测量学、工程制图、投影几何
马光辰	热机学、热工学、金相学、钢铁及热处理、非金属及热处理、工程材料
屈维德	画法几何、机械原理、工具学、材料力学
王景贤	混凝土结构、土木结构设计

　　熊庆来曾为清华大学教授,清华大学校长梅贻琦曾著有《大学一解》一文,对大学要义作了精辟论述:"所谓大学者,非有大楼之谓也,乃有大师之谓也。"这一诠释深深地影响着熊庆来。他上任伊始,即提出五条治校方略,其中一条是"慎选师资"。在熊庆来的领导下,学校四处招聘名师,当时西南联大教授常到云南大学兼课,致使当年的云南大学形成了名师云集、睿才荟萃的盛况。1939年,学校聘任邱勤宝、王敬立二位知名专家为土木工程系教授。1940年,土木工程系又聘任了高祺、殷之澜两名知名教授。1940年,国力云南大学土木工程系山有教授4人、讲师1人、助教2人。

2.云南大学国立时期土木工程系系主任

1938年,蔡方荫教授为土木工程系主任:
1940年,李炽昌教授、邱勤宝教授先后为土木工程系主任。

三、云南大学土木工程系的招生与学生毕业情况

(一)省立云南大学土木工程系的招生与学生毕业情况

《云南大学志·教学志》记载:1936年,省立云大在校生仅302人。

　　省立云南大学由于招生人数少,加上严格的管理制度,学生淘汰率高,如1930年,土木工程系招收20人,到毕业时仅剩4人。省立云大4年,土木工程系共只有毕业生51名。

　　1936年6月18日《云南日报》载消息:教育厅顷据省立云南大学呈报,该大学现为调整学级起见,经由校务会议决,于本年秋季添招理工学院土木工程系、文法学院教育系暨高中新生各一班,特缮具招生布告请予核示。当经教育厅查核,所请添招学生三班之处,若就原领经费开支,自可照准,否则须从长计议云。

1936年6月21日《云南日报》载消息:教育厅顷据省立云南大学呈转该校第十一班土木工程系学生谭国柱等呈为毕业在即,请发给津贴,前往湘黔铁道实习,俾学理与事实,得相应证等情。当经核实,查土木工程,似无必往铁路实习之必要,如本省开蒙一代各项土木工程、省垣建筑各项工程,均可派遣实习,应由校详核妥拟具体切实计划,再呈核夺云。

1936年8月15日《云南日报》载消息:教育厅顷据省立云南大学校长何瑶呈报,该校理工学院土木工程系历届毕业生,大抵在公路服务,故每届毕业之期,先行分派各公路实习,成绩尚觉可观。现闻中央已有修筑滇缅铁路之定议,该校第九班土木工程系学生18人,十年底毕业,除由校酌量加重有关铁路之课程外,拟于本学期内,经教育厅呈省府转咨铁道部核准,指定国有铁路,酌派该校毕业生等实地实习,以验证所学,而备修筑滇缅铁路之干部补助人才等情,教育厅据呈后,当以所请准予照转,惟呈奉核准时,该生等实习费旅费等如何筹措,应饬由该校长先行呈明再夺,已令饬遵照云。

1936年9月8日《云南日报》载消息:省立云南大学本学期招考新生,昨已放榜,计取录教育学系正取生杨瑞芬等19名,试读生王延禧等14名,土木工程系正取生白琼等15名,试读生何本寿等9名,统限于九月十日至十二日,邀同保证人到该校填具保证书,并缴纳费用,随班上课,倘有误期不到者,即取消名额云。

1936年9月23日《云南日报》载消息:省立云南大学本年秋季招考土木工程及教育二系新生,共录取50余人,曾志本报。兹闻该校复据远道学生杨从武等十余人,因路途阻碍,延误考期,请求准予补考。该校以所呈各节,实系真情,体念该生等有志升学,特于九月十二日至十四日三日举行补考，并于昨日（二十二日）放榜：取录土木工程系试读生赵建中、吴文林等2人。

1937年1月1日《云南日报》载消息：省立云南大学本年度毕业之第九届土木工程系、教育系两系学生，闻该校已订于新年后四日至八日举行第九届毕业试验，届期并呈请教育厅派员监考云。

1937年1月9日《云南日报》载消息：省府昨据教育厅呈，据省立云南大学校长何瑶呈提案，据本省理工学院土木工程系学生何宏远等呈请：生等在校将满四载，至本学期底即届毕业之期，按照本校理工各学系前例，于将届毕业之一学期，对于实习特加注意，故注重实习之效果也。顷阅《云南日报》载有铁道部组织滇黔铁路勘测队，经费拟与省府分垫之新闻一则曰：省府昨准铁道部张部长雷略谓，本省政府同意合资兴筑滇黔铁路办法，既欣且佩。该路究需资金若干，非经实地勘测，难以详细估计。兹大约估计需国币七八十万元，勘测队则正在组织中。一俟组织就绪，即可出发。至于勘测经费，拟先由部省各半垫拨。俟将来数目确定，再行电告云。又查十一月二十四日省府会议，主席提议铁道部所定滇黔铁路勘测费国币九万元，由本省负责一半，分三月汇部。另关于滇黔铁路勘测费一案，本省负责半数四万五千元，应暂由新银行拨垫。并即由银行分期照汇各等因，生等逖听之余，敬悉滇黔铁路兴修在即，不惟本省与中原之交通愈行便利。生等热切盼望得到参与铁道实习之机会矣，拟请校长核转省府，电请铁道部，特准生等参加勘测队工作。等情据此，查该生等本学期末即届毕业之期，前曾由校呈议钧厅核转铁道部酌派该校毕业生等到国有铁道实习，以期印证所学，尚未奉到指令饬遵。兹据前情，能否准予该生等参加勘测队工作之处，理合据情备文呈请钧厅核转示遵。等情据此，查所请系为参加勘测工作，印证所学起见，可否照准，理合据情备文呈请鉴核施行示遵。闻省府已指令届时准予参加，仰即转饬知照云。

1937 年 2 月 20 日《云南民生日报》载消息：兹闻省立云南大学上学期教育系及土木工程系各毕业一班。又该大学现设各院系科一、二年级，均招收转学生，其报名及试验日期，均为新生同时举行云。

另据云南大学有关校史资料记载，1937 年至 1938 年度，省立云南大学工学院因限于设备仍只设土木工程系及采矿冶金两系，每班以四十人计招收新生。

1938 年 1 月 23 日《云南民国日报》载消息：省立云南大学本学期毕业班次，计有政治经济系、教育系、土木工程系学生共四十余人，于昨日(二十二日)举行毕业典礼。由该校校长熊庆来任主席。行礼如仪后，由邵润宣读龙主席训词，旋由省党部指委张西林、教育厅长龚仲钧两氏相继训示，继请来宾徐继祖及该校教授林同济演讲，末由学生代表答词。词毕。即茶点摄影散会云。

1938 年 3 月 31 日《云南民国日报》发布消息：省立云南大学土木工程系陈鸿仁等 17 名学生，经由公路总局全数录用。

(二) 国立云南大学初期土木工程系的招生及学生毕业情况

据《云南大学志·教学志》记载：到了国立时期的 1947 年，云南大学的在校生已达 858 人，1949 年，增加到 1361 人。

1939 年 7 月 20 日，《云南日报》发布消息：国立云南大学土木等系学生举行毕业典礼。

国立云南大学文史、法律、算学、土木等四系学生以修业期满，特定期与本日午后三时在该校大礼堂举行毕业典礼，校长熊庆来事前已柬请各机关长官及有关外宾等莅校参加云。行礼如仪后，首由熊校长庆来报告，并授予文史、法律、算学、土木系毕业生方如兰等

国立云南大学时期的教室

四十一名学士学位。继由请龚教厅长龚读龙主席训词，对毕业生各生勉励备至，嗣由陇书记长等相继致辞，对毕业生各生之就业及处事接物等指示极详。末由学生代表致答词。至五时许礼成，旋摄影茶点散会。闻此次毕业生除一部分继续深造外，余多由各界介绍至各机关服务云。

1939 年 11 月 31 日，《云南日报》发布消息：国立云南大学补招新生揭晓。工学院土木工程学系下列学生被录取：陈昶、潘守鲁、赵嗣源、王之梅、于实得、胡光沛、张德昌、莫翰文、林钧陶、龚邦永、钱培风、刘景桥、霍藻润、朱傅经、韦金耀、项俊。

1940 年 6 月 30 日，《云南日报》发布消息：国立云南大学于昨日（二十九日）上午十时在校内礼堂举行法律、数学、土木、矿冶等系学生毕业典礼，计出席龚厅长仲钧、省党部委员赵公望、梅校委贻琦、张教育长有谷及该校校长职员教授学生等共约百余人。由熊校长庆来任主席，领导举行礼如仪后，即席报告此次举行学生毕业典礼意义，并勉励本届各院系毕业生三点：

1. 使学问与事业紧密联系起来，同时力求进步；

2. 始终保持积极态度；

3. 锻炼身体，延长工作生命云云。

继由李教务长季伟报告，本届毕业生人数，计有文史系5人，法律系20人，政治系1人，数学系2人，土木工程系9人，采矿冶金系8人。继由熊校长亲颁毕业证书。

四、云南大学土木工程系学生实习、参与社会活动情况

(一)省立云南大学土木工程系学生实习参与社会活动情况

▲1935年8月1日，省立云南大学土木工程系毕业生张福等17人，分配前往彝盘公路测量队补助测绘工作，一俟工作完毕，再行酌情呈请委用。实习期间，每人每月暂发津贴旧滇票150元。(原载《云南大学·大事记》P35)

▲1936年6月18日，《云南日报》发布消息：本年度厦门大学召开之全国大学生夏令会议决定于七月间举行，云南大学接到通知后，即派定该校土木工程系学生何宏远等三人参加。每人给旅费国币百元，闻已于昨日(十七日)搭滇越车赴厦云。

▲1937年4月4日，《云南商报》发布题为《云南大学土木工程系学生发起要求罢免校长风潮》的消息：

云南省立大学学生突然于昨晚九时召集全体大会，商决改进校务办法，组织校务改进会，分呈省政府、教育部、教育厅请求撤换校长。

该校学生以不满校长，去年土木工程系即一度发生风潮，虽旋告平息，但学生方面仍不时暗中活动。近一月来，且组织一秘密团体，负责进行一切。最近因一切活动已具体成熟，至昨日下午九时负责人曾一度集议后，即由东寝室出动，一面分别派纠察队将学校大门把守，并负责维持各处秩序，一面即鸣哨子召集同学，开全体大会。经决议：

一）组织云南省立大学全体学生校务改进会；

二）秩序由各同学互相负责维持；

三）如果校长采取高压手段，即以最后手段应付，全体离校。

除上述决议案外，并发表快邮带电，又分呈绥靖公署、省政府、教育部、监察使署、教育厅，请求撤换校长，并闻呈龙云省主席文已于前晚七时径送威远街主席公馆云。

附件一　同学致何校长函

元良先生钧鉴：

窃以本校自前省长唐公苦心创办，中赖历任校长惨淡经营，始具大学雏形。现主席龙公复于百废俱举，励精图治之余，年拨巨额经费，将本校由前东陆大学，改为省立云南大学，提高学术水准，奠树百年大计。近且由中英庚款协助建设，本校前途正未可量，乃先生掌校以来，于兹五载……致令本校前途之发展无望，已具之雏形日堕……生等为本校计，为西南教育前途计，不能不起而谋有效之改进，爰经全体自动集议经呈请政府另委贤能接办，特决议公请先生急流勇退，早避贤路，以免风潮扩大，如企图恋战，则生等亦绝不惜任何牺牲，相与周旋，不达目的，誓不中止，扩大学校破坏，其责任当由先生负之也，专此敬请教安。

云南大学全体学生谨启

1937 年 4 月 20 日

附件二　何校长复函

同学公鉴：

顷接来书，各情敬悉。瑶任职以来，各种设施不能尽如人意。致见责于诸君，殊深引咎，现觉万念皆灰，当即呈请政府撤职查办。明日即不来校，校务由校务会议维持。

何瑶

1937 年 4 月×日

附件三　省政府决定

省府于昨(二十日)举行第五十五次会议，决议关于省立云南大学事项，探录如下：

一)省立云南大学校长何瑶辞职照准；

二)命熊庆来为省立云南大学校长；

三)自八月一日起，省立云南大学直接隶属省府；

四)任命何瑶为云南全省经济委员会专门委员。

(原载《云南日报》1937 年 4 月 21 日第 8 版)

▲《云南民生日报》1937 年 5 月 7 日消息：省会中等以上学校建筑工程处暨购料验工委员会于日前召开第三十次联席会议，李处长等十一人出席。会议主席提议，昆中地盘需精密测绘，请毕(近斗)委员计划，由省立云南大学土木工程科学生担任工作，克日完成……

▲《云南日报》1937 年 6 月 16 日消息：教厅顷以省立云南大学教授王玮指导该校土木工程学系第九班学生，又昆华工校校长毕近斗(后为云大土木工程系主任)及该校教员袁绩亮、丁长治领导该校学生，勘测绘制昆华中学新校舍地形图，尚属翔实周妥，足资参研应用，似此实地训练，团体习作，对于各该校教学上获益定非浅显，核

阅之余，殊深欣慰，特将该两校一并传令嘉奖，并由工程专款项下发给两校各新币一百元，藉作补助费，慰劳师生之用云。

▲据《云南大学校志·大事志》记载：1937 年 8 月 9 日，省立云南大学土木工程系 1 班实习考察团，前往蒙自一带实习返昆后，今又奉教育厅之命，派至昆明县属各乡及附省之宜良、崇明、安宁、呈贡、晋宁等地调查农村水利、物产、交通、矿产、卫生等项，定于 11 日分组前往。

(二)国立云南大学初期学生实习、参加社会活动情况

▲《云南日报》1939 年 7 月 19 日消息：国立云南大学土木系学生暑假沿滇缅公路实地测量。

新生活运动促进总会，为使青年深入农村，唤起农民对国家及抗战增加认识起见，特饬各省学校，组暑期农村服务团，赴农村工作。本省方面，已派云南大学负责筹组，现该校报名参加者已三十余人，现拟分为两队。在昆明附近农村工作，参加之团员，每人由新生总会及教部合给旅费国币十元，关于工作步骤，经费预算等已在磋商中，预计八月上旬即可出发赴农村工作云。

该校土木工程系二、三年级学生，在此暑假期间拟利用假期，由该系主任李颂鲁领导，沿滇缅公路做实地测量工作，由八月一日出发测量，至九月一日归校云。

▲1941 年 2 月 17 日昆明《中央日报》消息：国立云南大学土木工程系同学积极捐款抗日。国立云南大学工学院自迁赴会泽后，即积极展开社会服务工作，此次为响应"青年号"献机运动，特由该校土木工程学会等团体发起分级募捐竞赛，预定目标一千五百元。开始以来，三四日内即超过此数。教授、主任等皆捐四十元以上，同学中土木系二年级一班即达二百元，平均每人捐献十元左右。该校同

学一部来自战区，平日节衣缩食，刻苦求学，而对救国工作则又特异热诚，慷慨解囊，毫不吝啬。又该校昆明总校，谨呈会泽分校、顺龙分校，皆将分别响应，并预定全校募捐总目标为五千元云。

第三节　云南大学之铁道管理学系

一、铁道管理学系的诞生与波折

(一)滇缅铁路建设急需人才

20 世纪 30 年代末正值抗日战争之苦困的时期，为了便于向内地运送从美国运至缅甸仰光的大量军需物资，急需修筑一条国际铁路。此铁路拟从云南昆明修至缅甸，名为滇缅铁路，于 1939 年 12 月兴工。由于铁路建设之急需而铁路建设人才奇缺，时滇缅铁路工程局呈请交通部、咨商教育部，请求在国立云南大学开设培养铁道建设与管理方面专门人才的科系。

(二)教育部训令国立云南大学增设铁道管理系

教育部基于以国家民族为重的考虑，旋即做出了在国立云南大学添设铁道管理学系的决定。

附教育部训令：

教育部训令

令国立云南大学

案准交通部咨，为拟滇缅铁路工程局呈请咨商教育部转行云南

图为当时教育部长陈立夫签名的"关于在云南大学
增设'铁道管理学系'"的训令(资料来源：云南大学
档案馆)

大学预储铁路人才备用，请查核见复等由。查该校现已设有土木工
程学系，西南联合大学亦设有电机、机械两系，并已增加班级，该校
毋庸再增。惟铁道管理学系各国立大学设置者尚少，该校工学院下
学年度应即增加铁道管理学系一班，所需经费即在该校增班经费内
统筹支配。除咨复外，合行令仰遵办具报。

此令

教育部长陈立夫

1941 年 5 月 18 日

(三)国立云南大学闻风而动

教育部的训令下达后，时任国立云南大学的校长熊庆来闻风而动，一方面令校内对外宣传办："本校因部令添设铁道管理学系正积极筹备，令速联系新闻予以宣传"；另一方面旋即召开校务会议研究落实师资、经费、招生、课程设置等事宜。

附录一　当时的报刊消息一则：

民国《中央日报》1941 年 8 月 1 日讯：

顷闻国立云南大学刻奉教育部训令，以准交通部咨商转据滇缅铁路工程局呈请咨商教育部预储铁路人材备用一案。令该校工学院自下学年度增设铁道管理学系一班，闻该校现正积极筹备准备招生。

附录二　国立云南大学当年就"拟添设铁道管理学系"召开校务会达成的几项决议：

1. 铁道管理学系之开办经费及其他项目费预算：

开办经费 3.17 万元，校舍修理费 1 万元，薪俸金 1.68 万元，图书购置费 0.1 万元，其他设备家具购置费 0.39 万元；

2. 招生计划：

拟招收一年级插班生，将现有 9 人/班添加至 30 人/班；

3. 拟添设本系专门学科，在(教育)部定必修科目外增设以管理与工程方面的各项基本学识科目；

4. 拟聘系主任 1 人(薪金 400 元/月)，教授 2 人(每人 360 元/月)，讲师 3 人(共 300 元，每人 100 元/12 小时)，助教 1 人(160 元/月)。

几经会商，1940 年 7 月，一个从国立云南大学土木工程系原有师资、课程科目中剥离出来而重新充实组建而成的新系——铁道管理学系正式成立。

(四)铁道管理学系"死"而复生

由于师资缺乏及学生、教师人数过少等原因，国立云南大学铁道管理学系设置不到两年校方即向教育部申请停办。教育部从全国大局及长远计议，旋即予以严词拒绝。铁道管理学系于险些夭折中"死"而复生。

附教育部指令：

令国立云南大学

三十二年八月二十八日学宗第一一五号代电一件为请准铁道管理系暂予停办由代电悉。所请各节核示如次：

铁道管理人才目前需要甚切，该校铁道管理系应设法延聘教员，增招学生，继续办理，不准停办。仰即遵照。

此令！

部长：陈立夫

二、国立云南大学铁道管理学系的招生

(一)1940—1949 年铁道管理学系的招生人数：

1940 年，铁道管理学系招收新生 11 人；

1941 年，铁道管理学系招收新生 3 人，二年级转入学生 1 人；

1942 年，铁道管理学系招收新生 12 人；

1943 年，铁道管理学系招收新生 6 人；

1944 年, 铁道管理学系招收新生 5 人, 二年级转入学生 7 人, 三年级转入学生 8 人;

1945 年, 铁道管理学系招收新生 24 人;

1946 年, 铁道管理学系招收新生 22 人, 二年级转入学生 3 人;

1947 年, 铁道管理学系招收新生 16 人, 二年级转入学生 6 人;

1948 年, 铁道管理学系招收新生 9 人;

1949 年, 铁道管理学系招收新生 8 人。

(二)从当年的招生简章看铁道管理学系的招生原则:

《云南大学史料丛书》收录了 1946—1949 年国立云南大学《招考新生简章》。兹将该《简章》关于"投考资格"的具体内容摘录于次。

投考资格:

1. 曾在公立或已立案之私立高级中学毕业得有毕业证书或升学证明书者;

2. 曾在公立师范学校或高中师范科毕业得有毕业证明书, 并于毕业后服务满三年者;

3. 曾在公立或已立案之高级职业学校毕业得有毕业证明书或升学证明书者, 惟限于投考以与原肄业学校性质相同之院系为限;

4. 曾在前未立案私立高级中学毕业经升学预试及格得有升学预试及格证明书者;

5. 具有高级中学毕业同等学力者, 应受下列各项限制:

(1)同等学力学生录取人数不得超过录取总额百分之五, 各专修课不得超过百分之十;

(2)招考同等学力学生应具下列资格: 失学一年以上, 并于失学前曾修满高中二年级课程, 缴验原肄业学校成绩单, 经审查合格者(高级职业学校及师范学校肄业学生, 不得以同等学力报考);

（3）曾在职业学校及师范学校肄业或现在中等学校肄业学生不得以同等学力资格报考；

（4）华侨学生具有与高中毕业相当程度、持有证明文件者，不受同等学力学生名额限制。

注意事项：

1.初试录取生因故不能参加复试者，其资格不予保留；

2.以同等学力资格报考之学生，如第二试不及格不能编入先修班。

这些《简章》留下了两个重要信息：一是鉴于当时铁路建设之迫切需要急需铁路建设人才，铁道管理学系每年都招收了新生；二是云南大学当年招收新生要求严格，考量全面。从《简章》中列出的"投考资格"与"注意事项"可窥见一斑。

三、国立云南大学铁道管理学系课程设置及师资情况

（一）课程设置选要

由于此时期云南大学铁道管理学系每年的课程设置都大同小异，此处仅摘录了1944—1947两年的表格。

1944年各年级全部课程设置表

年级	必修科目	选修科目
一年级	上学期：物理及实验、微积分、代数试验、工程画、制模实习、锻铁实习（共6门，18学分）；下学期：图解几何（其余与上学期同，共7门，15学分）	

续上表

年级	必修科目	选修科目
二年级	上学期：应用力学、材料力学、平面测量、经济学原理、运输概论、普通会计学(共6门，21~22学分)；下学期：经济学原理、普通会计学、金工实习、结构学原理、机动学、热机学、铁路测量、铁路概论及铁路史、法文、工程地质、经济地理、财政学、国际贸易及汇兑(共13门，36学分)	
三年级	上学期：铁路工程、木材结构、货物运输及运价、铁路行车管理、机车构造、电机工程、高等会计学、统计学(共8门，22.5学分)；下学期：会计学、铁路定线、铁路设计、钢铁建筑、旅客运输、机车管理、工业管理、成本会计学(共8门，21学分)	工务组四年级必修科目　上学期：铁路会计、铁路组织及法规、车站设备、混凝土建筑、铁路号志工程、电报及电话工程(共6门，17学分)；下学期：铁路统计、铁路财政、材料管理、铁路政策、汽车机构及管理、坊工及基础、道路工程学、毕业论文(共8门，21学分)。选修科目 上学期：政治学、保险学、国际贸易及金融。
四年级	分组必修或选修	车务组四年级必修科目　上学期：铁路会计、铁路法规、车站管理、铁路组织、政治学、铁路号志工程、国际贸易及金融(共7门，18学分)；下学期：国际贸易及金融、铁路政策、铁路统计、铁路财政、材料管理、道路工程、毕业论文(共7门，17学分)；车务组选修科目　政治学、保险学、国际贸易及金融(共3门，9学分)

1947年颁发的各年级全部课程设置：

一年级课程表

学程	讲授时数	实习次数	实习时数	学分	学程	讲授时数	实习次数	实习时数	学分
	上学期					下学期			
国文	3			3	国文	3			3
英文	3			3	英文	3			3
物理	4	1	3	4	物理	4	1	3	4
微积分	4			4	微积分	4			4
化学	4	1	3	4	化学	4	1	3	4
工程画	2	1	4	3	图解几何	2	1	4	3
制模实习	1	1	3	$1\frac{1}{2}$	锻铸实习	1	1	3	$1\frac{1}{2}$
体育					体育				
学分总数		35		$22\frac{1}{2}$	学分总数		34		$22\frac{1}{2}$

注：一年级学生系与其他工学院学生合班分组授课，担任课程教员有教授、副教授及讲师等，故不分注。

二年级课程表

学程	讲授时数	实习次数	实习时数	学分	担任教员	学程	讲授时数	实习次数	实习时数	学分	担任教员
	上学期						下学期				
(甲)必修课程						(甲)必修课程					
应用力学	5			5	A	结构学原理	3			3	C

续上表

	上学期					下学期				
学程	讲授时数	实习		学分	担任教员	学程	讲授时数	实习		学分	担任教员
		次数	时数					次数	时数		
材料力学	3			3	A	机动学	2			2	A
平面测量	3	1	3	$4\frac{1}{2}$	A	热机学	3			3	A
经济学原理	3			3	C	铁路测量	4	1	3	4	B
运输概论	3			3	A	经济学原理	3			3	C
普通会计学	3			3	C	普通会计学	3			2	C
金工实习		1	3	1	B	铁路概论	3			3	A
体育	2				C	铁路史	2			2	B
						体育	2			1	C
共计				$22\frac{1}{2}$		共计				23	

全年必修学分总计：$42\frac{1}{2}$

(乙)选修课程						(乙)选修课程					
法文	3			3	A	经济地理	2			2	A
工程地质	2			2	A	法文	3			3	A
共计				5		共计				5	

注："A"代表教授；"B"代表副教授；"C"代表讲师。以下同

三年级课程表

学程	讲授时数	实习 次数	实习 时数	学分	担任教员	学程	讲授时数	实习 次数	实习 时数	学分	担任教员
	上学期						下学期				
(甲)必修课程						(甲)必修课程					
铁路工程	3			3	A	铁路定线	3			3	A
木材结构	3			3	A	铁路设计	3			$1\frac{1}{2}$	A
货物运输及运价	3			3	A	钢铁建筑	3			3	A
铁路行车管理	3			3	A	旅客运输	3			3	A
机车构造	3			3	A	机车管理	3			3	A
电机工程	3			3	B	工商管理	3			3	A
高等会计学				3	B	成本会计学				3	B
统计学	3			3	A	铁路统计	3			3	A
体育	2				C	体育	2				C
共计				24		共计				$22\frac{1}{2}$	

全年必修学分总计：$46\frac{1}{2}$

学程	讲授时数	实习 次数	实习 时数	学分	担任教员	学程	讲授时数	实习 次数	实习 时数	学分	担任教员
(乙)选修课程						(乙)选修课程					
财政学	3			3	B	法文	3			3	A
法文	3			3	A	社会学	3			3	B
共计				6		共计				6	

P.7
206

教科书 自编讲义
学分 二年级下学期 每週三小时 二学分
金工实习
  内容: 训练学生对於手工、锻工、车床工、铸工等使用之基本技术，俾生对於工厂内各种机械设备得有明确之认识。
  先修科 做锻金习及翻模实习
  学分 二年级下学期 每週实习三小时 一学分
结构学原理
  内容: 训练学生应用力学原理，分析及普通之各种结构之应力，以为设计之初步。
  教科书 自编讲义
  参改书 Sutherland and Bowman — "Structural Theory"
    Spofford — "Theory of Structures"
  先修科 材料力学
  学分 二年级下学期 每週三小时 三学分
机动学
  内容: 分析机械之基本构造，机件等...
  教科书 Schwamb and others — "Elements of Mechanism"
  先修科 普通物理，投影几
  学分 二年级下学期 每週二小时 二学分
热机学
  内容: ...
  教科书 Allen and Bursley — "Heat Engines"
  参改书 James Dale — "Power Plant Machinery" Vol. I

P.5
208

先修科 普通物理 微积分
铁路史
  内容: 讲述我国之铁路沿革及其查科文化往事上之影响，并联带讨论欧美及东亚各国之铁路兴建及管理之情形，以资借镜。
  教科书 自编讲义
  参改书 曾鲲化 — "中国铁道史"
  学分 二年级下学期 每週三小时 二学分
工程地质
  内容: 讨论一般地质与铁路，注重土壤岩石之辨认及其在工程上之图偶功用。
  教科书 自编讲义
  参改书 (Watson Ries and) — "Elements of Engineering Geology"
  学分 二年级下学期 每週二小时 二学分
经济地理
  内容: 讲述我国各省区之物产与能力，及一般经济状况，以为七年交通运用之立程价值。
  教科书 自编讲义
  学分 二年级下学期 每週二小时 二学分
德文 (由二年至四年级，暨有选修之选科)
  内容: 训练学生之德文基础、发音，及一般文法等，以为研究德文专书参观之准备。
  教科书
  学分 一二年级全学年 每週三小时 六学分

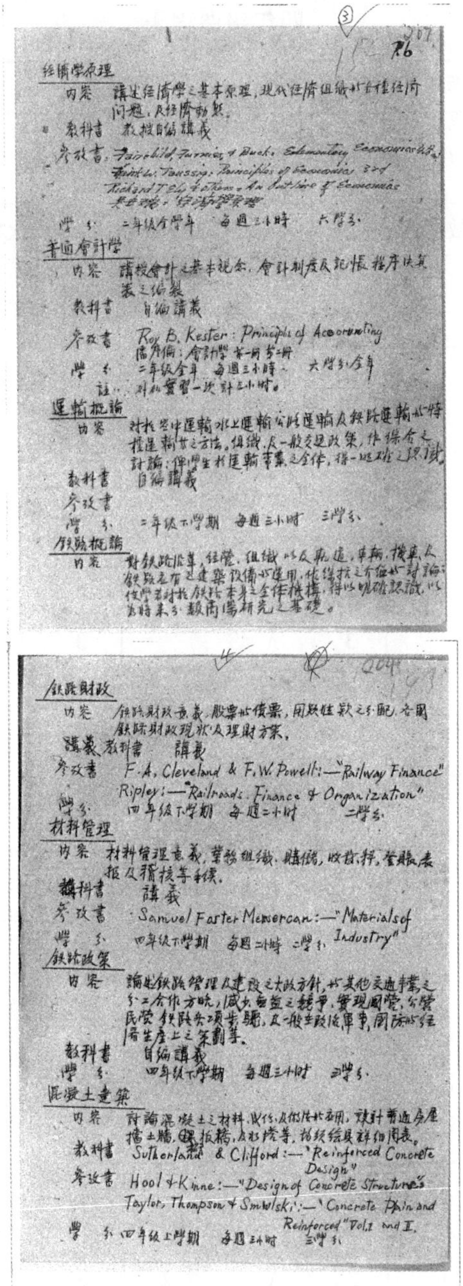

经济学原理
内容　讲述经济学之基本原理，现代经济组织的各种经济问题，及经济动态。
教科书　教授自编讲义
参考书：Fairchild, Furniss & Buck: Elementary Economics V.2
[illegible] Taussig: Principles of Economics 3rd
Richard T. Ely & others: An Outline of Economics
[illegible]
学分　二年级全学年　每周三小时　六学分

普通会计学
内容　讲授会计之基本观念，会计制度及记帐程序决算表之编制
教科书　自编讲义
参考书　Roy B. Kester: Principles of Accounting
潘序伦：会计学 第一册 第二册
学分　二年级全年　每周三小时　六学分全年
注：[illegible]实习一次计三小时。

运输概论
内容　对于空中运输、水上运输、公路运输及铁路运输的特种运输等之方法、组织，及一般交通政策，作综合之讨论，俾学生于运输事业之全体，得一比较之认识。
教科书　自编讲义
参考书
学分　二年级下学期　每周三小时　三学分

铁路概论
内容　对铁路沿革、经营、组织以及轨道、车辆、机车、及铁路应有之建筑设备的运用，作系统之介绍的讨论，使学者对于铁路本身之全体机构，得以明确认识，以为将来分科研究之基础。

铁路财政
内容　铁路财政意义、股票的债票，用款借款之分配，各国铁路财政现状及理财方案。
教科书　讲义
参考书　F. A. Cleveland & F. W. Powell: —"Railway Finance"
Ripley: —"Railroads. Finance & Organization"
学分　四年级下学期　每周二小时　二学分

材料管理
内容　材料管理意义，业务组织，购储，收发，存、管账表报及稽核等手续。
教科书　讲义
参考书　Samuel Foster Meusercan: —"Materials of Industry"
学分　四年级下学期　每周二小时　二学分

铁路政策
内容　论述铁路管理及建设之大政方针，与其他交通事业之分工合作方略，减少无益之竞争，实现国营、公营民营铁路各项步骤，及一般经政治军事，国防的经济生产上之策划等。
教科书　自编讲义
学分　四年级下学期　每周三小时　三学分

混凝土建筑
内容　讨论混凝土之材料、性质、及[illegible]应用，设计普通房屋挡土墙、[illegible]板桥、及拱[illegible]等，均须绘具详细图表。
教科书　Sutherland & Clifford: —"Reinforced Concrete Design"
参考书　Hool & Kinne: —"Design of Concrete Structures"
Taylor, Thompson & Smulski: —"Concrete Plain and Reinforced" Vol. I and II.
学分　四年级上学期　每周三小时　三学分

云南大学铁道管理学系 1944 年学程说明手稿

（资料来源：云南大学档案馆）

四年级课程表

上学期 学程	讲授时数	实习 次数	实习 时数	学分	担任教员	下学期 学程	讲授时数	实习 次数	实习 时数	学分	担任教员
(甲)必修课程						(甲)必修课程					
铁路会计	3			3	A	铁路财政	2			2	A
铁路法规	2			2	A	材料管理	2			2	A
车站管理	2			2	A	铁路政策	3			3	A
铁路组织	2			2	A	机车机械及管理	3			3	A
混凝土建筑	3			3	A	坊工及基础学	3			3	A
铁路号志工程	3			3	A	道路工程	3			3	A
电报及电话工程	3			3	B	论文				2	A
体育	2				B	体育	2				B
共计				18		共计				18	
全年必修学分总计											
(乙)选修课程						(乙)选修课程					
政治学	3			3	B	保险学	3			3	A
国际贸易	3			3	A	国际贸易	3			3	A
法文	3			3	A	法文	3			3	A
共计				9		共计				9	

说明：

1. 此课程表由铁道管理系时任主任李吟秋 1947 年 6 月 4 日签发；

2. 每学期各年级的课程科目表后面均附有课程科目内容及其学分数、教材、参考书目、任课教师等介绍；

3. 此课程于 1947 年下学期开始使用，较之于该系 20 世纪 40 年代初的课程设置，科目有所增加，师资有所加强。

(二)铁道管理学系 1940—1949 年课程设置与任课教师

1940 年

课程	学期	选修或必修	学分	教员
铁道测量	下	必	4	丘勤宝
铁路工程	上	必	3	王兴
铁路计划	下	必	3	王兴

1941 年

科目	组别	学期	必修或选修	学分	教员	备注
圬工及地基		上	必	3		
结构设计		上	必	1.5		
钢筋混凝土设计（一）		上	必	1.5		
房屋建筑学		上	必	3		
道路设计（三年级已修）		上	必	2		
高等铁路工程		上	必	3	赵荣章	
钢筋混凝土设计（二）		下	必	1.5	曹国琦	

续上表

科目	组别	学期	必修或选修	学分	教员	备注
铁路管理及会计		下	必	3		
道路材料试验		下	必	1.5		
铁路设计		下	必	2		
铁路号志		下	必	2		
毕业论文		下	必	4		

1942 年

科目	组别	学期	必修或选修	学分	教员	备注
英文		下	II	3	鲍志一	
三民主义		下		2	赵公望	
会计学原理		下	II	3	陆忠义	
铁路机厂管理		下	II	3	沈来秋	
工商管理		下	II	3	沈来秋	
经济学原理		下	II	3	沈来秋	
铁路客运业务		下	II	4	许靖	
体育			II			

1943 年

课程	学期	选修或必修	学分	教员
铁路工程	上	必	3	赵崟章
铁路定线计划	下	必	3	赵崟章
铁路设计	上	必	2	赵崟章
铁路管理	下	必	3	赵崟章
隧道工程	下	必	2	赵崟章
高等铁路工程	上	选	3	赵崟章

1944 年

科目	组别	学期	必修或选修	学分	教员	备注
国文			I	6	何淑黎	
物理			I	8	王敬甫	
化学		上	I	3	屠密	
微积分			I	8	熊先珪	
工程画		上	I	3	赵銮章	
工程画实习		上	I		赵銮章	
化学实验		上	I	1	屠密	
铁路建筑经济		下	I	3	许靖	
铁路运输原理		下	I	4	许靖	
英文		下	II	3	鲍志一	
三民主义		下		2	赵公望	
会计学原理		下	II	3	路忠义	
铁路机厂管理		下	II	3	沈来秋	
工商管理		下	II	3	沈来秋	
经济学原理		下	II	3	沈来秋	
铁路客运业务		下	II	4	许靖	
体育			II			

1945 年

科目	组别	学期	必修或选修	学分	教员	备注
铁道运输原理			II	4		
工程材料		上		3		
机动学			II	5		
热工学		上	II	7		

续上表

科目	组别	学期	必修或选修	学分	教员	备注
微分方程		上	Ⅱ	3		
机械工程		上	Ⅱ	1.5		
经济学		下	Ⅱ	3		
会计学原理		下	Ⅱ	2		
金工实习		下		1		
测量学		下		2		
铁道概要		下		3		
机车构造		下		3		
铁路工程概要		下		3		
法文				6		

附注：该系本年度无三、四年级学生。

1946 年

科目	组别	学期	必修或选修	学分	教员	备注
平面测量		上	Ⅱ	2	籍孝广	
平面实习		上	Ⅱ	1.5	籍孝广	
应用力学		上	Ⅱ	5	杨克嵘	
材料力学		上	Ⅱ	4	高锜	
木材结构		上	Ⅱ	3	李吟秋	
经济学原理			Ⅱ	6	安字明	
会计学原理			Ⅱ	6		
机械学		下	Ⅱ	3		
工程材料		上	Ⅱ	3	马耀先	
蒸汽机车		上	Ⅱ，Ⅲ	3	程文熙	
法文			2，3	6	柳灿坤	

续上表

科目	组别	学期	必修或选修	学分	教员	备注
铁路工程		上	Ⅲ	3	李吟秋	
道路工程		上	Ⅲ	3	李吟秋	
铁道学概论		上	Ⅲ	3	程文熙	
电机工程		上	Ⅲ	4	张文渊	
工商管理		上	Ⅲ	2	唐永权	
统计学			Ⅲ	4	杨克诚	
铁路行车管理		上	Ⅲ	3	唐永权	
货物运输运价		上	Ⅲ	3	唐永权	
高等会计学		上	Ⅲ	2	安字明	
结构学原理		下	Ⅱ	3	籍孝广	
机动学		下	Ⅱ	2	杨克嵘	与土木系合班
热机学		下	Ⅱ	3	马光辰	与土木系合班
铁路测量		下	Ⅱ，Ⅲ	4	贾荣轩	
运输概论		下	Ⅱ	3	唐永权	
铁路概论		下	Ⅱ	3	程文熙	
铁路定线		下	Ⅲ	3	李吟秋	
铁路道路设计		下	Ⅲ	1.5	李吟秋	
钢铁建筑		下	Ⅲ	3	贾荣轩	
旅客运输		下	Ⅲ	3	唐永权	
机车管理		下	Ⅱ，Ⅲ	3	程文熙	

1947 年

科目	组别	学期	必修或选修	学分	教员	备注
制模实习		上	I	1.5		
应用力学		上	II	5	马耀先	与土木系合班
材料力学		上	II	3	马耀先	与土木系合班
平面测量		上	II	4.5	贾荣轩	
经济学原理			II	6	安字明	
运输概论		上	II	3	唐永权	
普通会计学			II	6	安字明	
金工实习		下	II	1	李清泉	
法文		下	2, 3, 4	3		
工程地质		下	2	2		
铁路工程		下	III	3	李吟秋	
木材结构		下	III	3	贾荣轩	
货物运输及运价		下	III	3	唐永权	
铁路行车管理		下	III	3	唐永权	
电机工程		下	III	3	李清泉	与矿冶系合班
高等会计学		下	III	3	林炳钟	
统计学		下	III	3	殷仲韦	与经济系合班
财政学		下	III	3		
铁路会计		下	IV	3	林炳钟	
车站管理		下	IV	2	林炳钟	
铁路组织及法规		下	IV	2	李吟秋	
政治学		下	IV	3	邹邦梁	
铁路号志工程		下	IV	3	李吟秋	
国际贸易及金融			IV	6	安字明	
凝土建筑		上	IV	3	李吟秋	

1948 年

科目	组别	学期	必修或选修	学分	教员	备注
工程画		上	I	3	姚瞻	
图解几何		下	I	3		
工厂实习			I	1.5		
应用力学		上	II	5	马耀先	
平面测量		上	II	4.5	张言森	
经济学原理		上	II	3	安字明	
运输概论		上	II	3	唐永权	
普通会计学		上	II	3	陆忠义	
铁路工程		上	II	3	李吟秋	
货物运输		上	III	3	唐永权	
铁路行车管理		上	III	3	林炳钟	
机车构造		上	III	3	程文熙	
高等会计学		上	III	3	董公勋	
铁路会计		上	IV	3	林炳钟	
车站设备		上	IV	2	周宝珑	

1949 年

科目	组别	学期	必修或选修	学分	教员	备注
应用力学		上	II	5	张言森	
平面测量		上	II	4.5	张言森	
经济学原理(工)				6	安字明	
运输概论		上	II	3	唐永权	
普通会计			II	6	陆忠义	
金工实习		上	II	1		

续上表

科目	组别	学期	必修或选修	学分	教员	备注
法文(工)			II	6	黄佑文	
铁路工程		上	III	3	李吟秋	
结构学原理		上	III	3	张正林	
货物运输及运价		上	III	3	唐永权	
铁路行单管理		上	III	3	沈达宏	
机车构造		上	III	3	程文熙	
电机工程		上	III	3	张经	
高等会计学		上	III	3	安字明	
统计学			III	6	杨克诚	
铁路会计		上	IV	3	沈达宏	
车站设备		上	IV	2	沈达宏	
铁路组织学法规		上	IV	2	沈达宏	
铁路号志工程		上	IV	3	李吟秋	
国际贸易与金融			IV	6	陆忠义	
混凝土建筑		上	IV	3	何丕承	
法文			3, 4	6	李丹	

(三)国立云南大学铁道管理学系教授情况

李吟秋　清华学校毕业、美国伊利诺大学铁路工科学学士、普渡大学建筑工科硕士、历充京奉铁路工程师、华北水利委员会委员，滇缅铁路粮管处长、中印公路第六工程处副处长、石佛铁路工程处长、天津市工务局局长等职。

林炳钟　国立上海交通大学铁道管理学士、美国伊利诺伊大学工业管理硕士、京浦铁路、粤汉铁路查账员及材料点查员；交通部桥梁设计处会计主任；重庆广和机器厂经理；交通部邮电纸厂厂长；美国 Allis-Calmer 农具厂实习。

唐永权　北京交通大学铁道管理科学士；北宁铁路天津总站站长；川滇铁路昆明总站站长；云南财政厅专员；云南物资运输处处长；个碧铁路督办公输产料课长、车务课长兼滇越、川滇线区鸡街车站司令；个碧石铁路公司协理兼车务课长。

贾荣轩　曾任顺直水利委员会助理技师，杭州市自来水筹备委员会技师，浙江省水利局浙西基本测量队队长，四洮铁路局工务员，个碧铁路公司工程师、段长，粤汉铁路副工程师，京、赣、广、梅、滇缅铁路工程师、总段长，军委会、工委会第四十四工程处副处长等职。

安字明　私立武昌华中大学经济商业系助教兼庶务；私立武昌华中大学经济商业系副讲师兼庶务处主任；国立云南大学铁道管理系讲师、生活管理组主任。

程文熙　比国列日大学工科工程师、兵工厂技师；平汉铁路机务股长、总务股长；粤汉铁路机务处长；滇越铁路总务组长；北京大学教授。

毛达庸　日本东京工业大学机械工程学士；日本东京铁道省大宫工厂实习技师；南京金陵兵工厂工程师；军政部二十一兵工厂工程师；安宁分厂第一制造所主任、工务科长。

许　靖　美国伊利诺伊大学研究院毕业；交通大学铁道管理系教授；清华大学兼任讲师；交通部专员。

徐大德　交通大学唐山工学院铁道管理系毕业。

冉邦彦　国立云南大学土木系学士。

倪复林　国立云南大学经济学系毕业。

此外，还有续聘教授黄永刚、刘维勤、王仰曾、沈达宏、吴融清、张言森、周宝珧。

（四）国立云南大学铁道管理学系教师任职情况

1942年1月11日，聘许靖教授为铁道管理系主任；

1943年11月9日，聘柳灿坤教授为铁道管理系主任；

1943年2月11日，聘程文熙教授为铁道管理系主任；

1945年，聘李吟秋教授为铁道管理系主任；

1946年，聘铁管系主任李吟秋教授为审查委员会委员；

1946年，聘铁管系主任李吟秋教授为图书委员会委员；

1946年，聘铁管系主任李吟秋教授为训育委员会委员；

1946年，铁道管理学系主任李吟秋被聘任为国立云南大学校务委员会委员；

1947年，续聘李吟秋为铁道系主任；

1947年，铁道系主任李吟秋教授先后被聘为招生委员会委员、经费稽核委员会委员、校刊编辑委员、福利基金委员会委员；

1948年，铁道系主任李吟秋教授被聘为校务委员会委员、审查委员会委员、训育委员会委员、校刊编辑委员，同年铁道系安字明教授也被聘任为校务委员会委员。

1949年，李吟秋教授被聘任为国立云南大学工学院院长并兼任铁道管理学系主任；

1952年，李吟秋教授被续聘为铁道管理学系主任。

（五）云南大学土木工程、铁道管理学系教师学术活动、学术成果散记

1. 1937年云南大学开设"英庚款讲座"，土木工程系利用"英庚款"设置"土木工程讲座"。当时的校长熊庆来在致时兼职于中英庚

款保管委员会要职的李书华的申请函中如是写道：云南交通阻滞，亟待发展，滇黔铁路政府已决定修筑，拨款勘测，全省公路网亦积极进行，加以市政、水利、建筑等项工程需才甚多，自应迅予培养，俾资应用。此请设置土木工程讲座之理由也。

2.从1942年《云南大学丛书》编撰费名单中查得土木工程系及铁道管理学系丘勤宝等9名教师，除2人获乙种外，其余7人均获甲种编撰费。

3.从云南大学出版社2017年出版的《旧闻新编》(下册)中的一则题为《1934—1949年云南高校(包括西南联大)部分教师报载文章目录一览》的表格中查得原云南大学工学院院长、铁道管理学系主任李吟秋(后调入长沙铁道学院)有两篇文章与当年同在云南高校任教的沈从文、吴晗、闻一多、冯友兰、朱自清、费孝通、钱穆、华罗庚、陈省身等名人的文章一道被收入其中。李吟秋当年被报刊刊发的两篇文章分别是：《复兴建国之基础工作》(1949年3月10日《国民日报》)；《中法商约与滇越铁路共管问题》(1946年11月8日《正义报》)。

4.云南大学土木工程学科资深教授丘勤宝(先后担任过工学院院长、土木工程系主任)有6篇文章分别刊载在1938—1945年的民国时期的《云南日报》《中央日报》上。

5.从2010年云南大学出版社出版的《云南大学史料丛书之学术篇》中查得，云南大学1939年6月2日报送的《国立云南大学独立学院教授所研究课科目调查》中载有工学院丘勤宝教授所研究的课目为《铁道曲线及土方、铁道工程》的学术文章。

6.从2010年云南大学出版社出版的《云南大学史料丛书之文学术篇》查得：云南大学为了营造科研学术氛围，于20世纪30年代设立了"中英庚款"学术研究基金，并为适应"滇黔铁路政府决定修筑铁路"之急,用此基金设置了常年"土木工程讲座"。

四、云南大学铁道管理学系学生服务社会的情况

(一)铁道管理学系学生实习及参与社会活动情况举要

例一:1942年2月19日,铁道管理系全体同学请求迁往昆明上课。下为当年的请愿书原文:

盖国家设教,原以培育人材,苟有所学必有所用,期能服务国家社会,所谓学以致用者也。当次抗战建国并进之际,需材孔亟,而建国人材尤为复兴民族之基础。铁道管理系为发展交通之重要机构,而本系创办已半年有余,虽上期屡次招生,然应考者寥若晨星。其已录取者因念此现就学之地会泽阻塞不宜于交通教育之办理,故多弃此就他;其虽已就校者,目睹本系课程欠缺,设备毫无。凡此种种,莫不使青年学子坠入五里雾中,故转系者十之五六。考其原委,乃会泽地理环境,与夫教授无法聘请。此皆影响本系前途之发展。夫以学工者所处环境应与所学有关。会泽地属矿区,宜于矿业学系,而于铁道管理系殊无得益。

……钧校长体恤如此等情,眷顾及此,立予迁返昆明上课,本系前途有赖为此。

谨呈工学院杨院长,转呈学校熊校长

附有关上级对此事的回应:

1942年春,经上级批准并斥资,云南大学铁道管理系自会泽迁回昆明。(原载《云南大学校志·大事志》P98)

例二：1942 年 3 月 24 日，云南大学总务处致函校长。

校长先生钧鉴：

现因事实需要已自三月一日起再选定铁道管理学系学生姜立昌及武承宗两人派充本系助理员。请准。

总务处会计室知照
中华民国三十一年三月十八日

例三：1947 年 7 月 11 日，云大铁道管理学系学生参观铁路。

国立云南大学铁道管理学系学生日前赴宜良参观铁路情况即于日内返回。（1947 年 7 月 11 日《云南日报》第 3 版）

例四：1949 年春，国立云南大学工学院拟开展铁路查勘测量等社会服务。

国立云南大学工学院毕业校友教授多人，现正计划组织"云工服务社"，以服务社会，协助建设，并期改进工程技术，加强校友事业，矫正投机取巧之风，以树立技术界之严正风气，藉此奠定同学间互助互励之基础为宗旨。此事于一年前既已酝酿，迄今由各方敦促，于该院丘勤宝院长领导下积极进行。

土木、铁道工程方面云工服务社初步计划主要业务：(1)房屋桥梁及其他特种建设之设计，代办监修事项；(2)灌溉、防洪、治河排水、梗淤、航运、水力发电等有关水工之查勘测量，实验设计，代办监修事项；(3)有关公路、铁路、市街、新村之查勘测量；(4)有关一切土木工程之承建事项……此外还有：(1)代办及经营国内外工程器材之采购运输；(2)工程学术研究介绍；(3)工程学术之刊物编辑发行。

（1949 年 3 月 21 日《平民日报》第 4 版）

（二）铁道管理学系毕业生志愿服务情况

1947年云南大学铁道管理学系毕业生志愿服务去处：

姓名	第一志愿地点	第二志愿地点
李烜	昆明区铁路局	
黄现奇	同上	
甘调阳	同上	
丘士春	同上	粤汉或湘桂黔铁路
陈孝焜	同上	同上
饶继辕	同上	同上
朱柏龄	同上	同上
马自忠	同上	同上

1948年云南大学铁道管理学系毕业生志愿服务去处：

姓名	年龄	性别	籍贯	服务地点
李烜	二十三	男	云南	昆明铁路局
黄永刚	二十四	男	安徽	同上
黄现奇	二十四	男	云南	同上
丘士春	二十八	男	广东	同上
甘调阳	二十四	男	云南	同上
陈孝焜	二十五	男	云南	同上
饶继辕	二十七	男	云南	同上
朱柏龄	二十六	男	云南	同上
马自忠	二十六	男	云南	同上
第二志愿可写粤汉及湘桂黔等铁路				

(三)铁道管理学系毕业生就业情况

关于国立云南大学铁道管理学系毕业生就业情况,云大档案馆找不到系统的记载,但一份编号为1016-1-395的档案资料记载了1948年云大4位未及时得以就业的铁道管理学系毕业生最终得以就业分配的始末,足见有关方面对此项工作的重视。

1948年5月1日,云大铁管系未雨绸缪,即向民国教育部致函:"函呈教育部转交通部商榷就业问题,并请迁函滇越及川滇两铁路公司优先录用为荷。"3个月后(1948年8月初),民国交通部致函云南大学,要求学校呈报应届毕业生人数表等件。云南大学旋即将有关情况呈报交通部。交通部于8月14日将用人单位(昆明区铁路局等)及可接受毕业生人数(铁管系2人)电告云南大学。鉴于被接受安置人数太少,时任云南大学校长熊庆来旋即向交通部呈上长达千余言的亲笔信函。

附熊庆来校长致民国交通部函

交通部:

贵部需用本校本届"毕业生系别及人数表"暨"毕业生实习须知"并嘱照规定标准及需用各系人数加倍选送以凭择优选派实习,又对于学生之基本学识与其思想行为特加重视于选送时予以注意等由准此。本校对于贵部简化选送实习生手续及选择实习生标准至表赞同而于贵部注重技术人材之基本训练以配合交通业务之发展,本校就技术教育之立场而言尤为钦佩之至。惟关于本校铁道管理系本届毕业生仅准选录实习生二名一节似嫌过少。谨将该系成立情形及毕业生出路困难等一一赘述,至请贵部注意以符教育及交通业务之配合发展大计。查本校铁道管理系原为应付抗战期间西南铁道建设之需要而由元首条谕、教育部设立者。惟鉴于其他院校之铁道管理训练多注重车务、财政及会计方面而于工务、机务之技术科目多付缺如，本校将该系特设于工学院内以期造成完全铁道管理人才。故于课程之编定则于工务、机务、车务、财政、会计等项一并注重。本届为第一班毕业生共计九名，其中除四名已另行就业外其成绩总平均在七十分以上者计有五名，其一名已留充本校助教，仅除李烜、黄现奇、甘调阳、丘士春四名而无适当工作机会。该生等品学俱优，思想纯正，立志致力于铁道事业不欲他就，且本校远在西南对外交通至感困难，故拟请贵部体恤该生等向学之诚，立志之专一，一并就近分发昆明区铁路管理局实习以符贵部注重技术训练储备人材发展交通业务之主旨。

云南大学熊庆来

随后，9 月 16 日，云南大学将被荐学生的课程简表、成绩表、操行表、体格检查单一并送交交通部。

11 月 9 日，交通部电报通知云南大学："电由分发铁管系毕业生李烜等四名前往昆明区路局及成渝路局报道。"

对于毕业生就业，有关部门认真负责的态度以及办事效率之高均可窥见一斑。

五、云南大学铁道管理学系部分经费收支及部分财产情况

（一）1941—1944 年，主要补助、开支费（各项公用基金及公益补助，各项公用设备图书所占的份额未计）：滇越铁路公司办学补助费 112647 元；滇越铁路公司学生实习补助费 1627 元。（资料出自《云南大学史料丛书·后勤卷》）

（二）自 1946 年 1 月起，川滇越铁路公司"每月补助铁道管理学系 15 万元，作为充实设备费用"。（资料出自云南大学 1016-1-583 号档案资料）

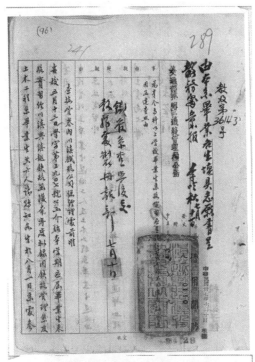

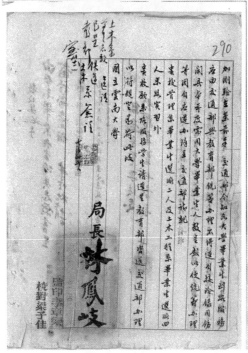

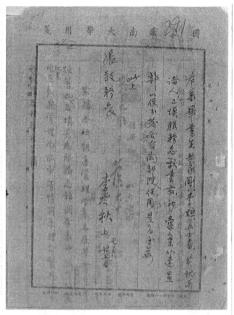

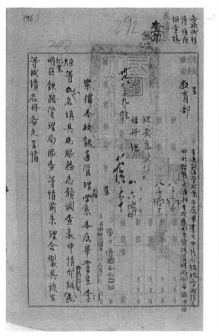

云南大学铁道管理学系 **1948** 年应届毕业生就业公函。李吟秋系当时的系主任,后调入长沙铁道学院(资料来源:云南大学档案馆)

（三）川滇越铁路公司，"自 1947 年 1 月起，增加铁管系补助费为每学期国币贰佰万元"。（资料出自云南大学 1016-1-583 号档案资料）

（四）1951 年，铁道管理学系临时开支 2160 元。（资料出自《云南大学史料丛书·后勤卷》）

（五）1952 年，铁道管理学系各项设备费 2160 元，学生实习费 4626 元。（资料出自《云南大学史料丛书·后勤卷》）

（六）校舍及仪器、设备：

1944 年，云南大学铁道管理学系建筑教室一处（平房 8.5 英平方）

1946 年，铁道管理学系实验、实习专用模具、仪器：已有机车模型、铁道模型、号志道模型及钢轨模型各 1 付，另有经纬仪 2 架、水平仪 2 架及附带测量器具等。

1950 年，云南大学铁道管理学系建筑教室一处（748 平方米）

1953 年，云南大学铁道管理学系模型仪器统计表：

马达	1 套	抽水机	1 个
铸铁管路装置	1 套	水表	1 个
孔口试验仪	1 套	200 号磅秤	1 架
跑表	2 个	差压计	1 个
水轮	2 个	反南水轮	2 个
冲击水轮	2 个	反作用力计仪器	1 套
高压抽水机	1 架	水管	1 套
三孔石拱桥模型	1 座	双轨轮式钢	1 套
双轨钢板裸桥模型	1 座	木架接头模型	2 个
双轨滑轮式钢桥模型	1 座	双孔 K 式钢桥模型	1 座
双规花式钢桥模型	1 座	工程制模型	1 套
木材各种断面模型	1 座	工厂钢铁屋架模型	1 个
千斤顶	4 套	钢柱模型	2 套
各式铁路建筑图	6 盒		

第四节   云南大学铁道管理学系师生的两度调遣

一、第一次

1953 年, 全国第二次院系调整, 云南大学铁道管理学系工程方面的全体师生员工调入新组建的中南土木建筑学院工作和学习。

调入原中南土木建筑学院的教员名单:

教　授　李吟秋、张言森、吴融清;

副教授　徐名枢、徐思铸、胡定;

讲　师　丘士春、冉邦彦;

助　教　汪予瞻、周瑶、黄永刚。

二、第二次

1959 年, 中南土木建筑学院解体, "铁三系"(铁道建筑、桥梁与隧道、铁道运输)师生员工及部分公共课教师调入新组建的长沙铁道学院工作和学习。

调入原长沙铁道学院的原云南大学铁道管理学系教师有:

教　授　李吟秋、徐名枢;

讲　师　汪予瞻;

助　教　曾俊期。

第六章　中南大学的路科溯源之
四川大学铁道建筑学科

第一节　四川省城高等学堂

一、四川大学的历史渊源(1704—1895)

四川大学的历史起源可以上溯至汉代的文翁石室。汉景帝(公元前157~公元前141年在位)末年，蜀郡太守文翁创建了中国第一所地方官办学校——这就是举世闻名的文翁石室，也是四川地区古代高等教育的起源。

清代康熙四十三年(1704年)，四川按察使刘德芳奉旨在文翁石室原址创办了锦江书院，成为四川大学主要历史源头之一。雍正十一年间(1733年)，锦江书院被御定为全国22所最著名的省级书院之一，在四川各大书院中居首位，名师云集，人才辈出。锦江书院不仅培养了"戊戌变法六君子"之一的刘光第等杰出人物，也给后世留下了许多精美的艺文。

清代同治十三年(1875年)五月，由张之洞鼎力兴办的"尊经书院"正式成立，院址在今成都市文庙西街，成为四川大学另一主要历史源头。书院增设"声、光、电、化、格致之学"，是当时改良书院的代表。张之洞强调：书院旨在培养"通博之士，致用之材"；并为尊经书院制定了 18 条章程。尊经书院培养了一批影响四川近现代政治、思想、经济、文化和科学发展的优秀人物，如杨锐、廖平、宋育仁、彭家珍、吴玉章、张澜、罗伦、蒲殿俊、尹昌衡、骆成骧等。

二、四川中西学堂的创立

1896 年(清光绪二十二年)，四川总督鹿传霖创办四川中西学堂，倡导学习"西文西艺"。"分课华文、西文、算学"，培养"通达时务之才"，成为四川古代和近代高等教育的结合点、分水岭。

学生进校后，按程度分头、二、三等分班教学，课程设置也因班而异。初设英文、法文两科，次年增设算学科并建立算学馆。四川中西学堂摒弃了传统的书院教学方式和教学内容，具有近现代教育的办学性质和特点，成为四川近代高等教育的发端。

三、四川省城高等学堂

(一)四川省城高等学堂的创建

1902 年，四川省总督奎俊奉旨，清光绪宣布将所有书院改为学堂之合并四川中西学堂和尊经书院，组建了四川通省大学堂。此学堂仿京师大学堂办学，是中西结合、文理兼备的近代综合性高等学校。同年，四川通省大学堂又改名为四川省城高等学堂。1903 年，锦江书院正式并入。这就是四川高等教育历史上的第一次强强联合。

四川省城高等学堂的学科主要分为正科三部(类)：正科一部即文科，包括经学(主要为中国哲学)、政治、文学、商科；正科二部即为理科，包括格致(主要为数、理、化)、工科、农科；正科三部即医科。正科就是本科，学制4年。

光绪二十八年(1902)四川总督奎俊关于尊经书院与四川中西学堂合并为四川通省大学堂的奏折及清廷的御批

四川省城高等学堂除办正科外，为了适应"废科举、兴学堂"及各地对师资的需要和本学堂生源质量的需求，还于正科正式举办前后置办了一些其他门类的学堂，如体育学堂、铁路学堂、测绘学堂、半日制学堂、附属中学堂等。

(二)四川省城高等学堂的课程体系

我国清末高等学堂的教学是中西结合的"以中国经史之学为基

础,俾学生心术归于纯正,而后以西学输其智识,练其艺能,务期他日成才,各适实用,以仰副国家造就通材,慎防流弊之意。"(舒新城:《中国近代教育史资料》)

四川省城高等学堂在遵奉清廷钦定、奏定章程,参酌京师大学堂的课程体系的同时,逐步形成自己的一套课程体系。如理科专业课程体系包括:中外史学、中外舆地、算学(代数、三角、解析几何、微积分、测量)、物理(包括声、光、电、热、力学)、化学(包括有机、无机、实验),动植物学、地质及矿产学、画法等。

其课程体系总框架,在执行中有增有减,但总是在不断发展、完善、深化中。

附:1912 年理科九班第一学期的课程设置

课目	内容	周学时	课目	内容	周学时
国文	名家之文选读	2	物理	热学、力学	4
伦理	宋儒学案	2	化学	水盐化合物等	5
英文	纳氏文法	4	代数	定理及方程式	4
英语	姜伯氏读本	4	解析几何	共轨割线等	3
德文	第一读本	3	三角	球面三角	2

高等学堂课程体系,明显继承和发展了四川中西学堂的传统,在不排斥传统学科的同时,加强学习"西文、西艺",学习近代科学的长处,范围更加广阔,更加全面。同时,摒弃了旧式书院围绕经史词章转圈的课程体系和专注一经的教学方法,实现了尊经书院想开设"声、光、电"等实学的夙愿。这标志着近代高等学校在教学方面从内容到形式的实质性转变和飞跃。

（三）四川省城高等学堂的师资

新的教学方式和课程体系的出台，对师资的要求更高，教师的来源也出现了多元化的趋势。基本上分三个途径：

1. 一些共同必修课（国文、人伦道德、经史词章等）继续启用原尊经、锦江两书院的"蜀学宿儒"中的佼佼者为教习。他们大多是有功名的（如翰林院编修——胡峻，清代四川唯一的状元——骆成骧，进士廖平等）。

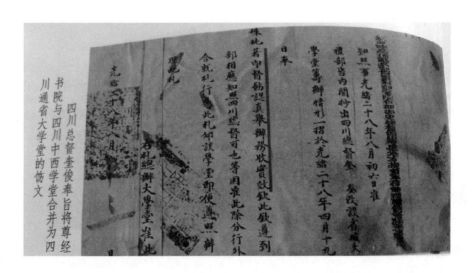

川通省大学堂的饬文

2. 留学归国者，成为新课的一支生力军。1913年四川高等学堂的45名教习中，此类教习有12人，他们分别从日本（8人）、美国（2人）、英国（1人）、比利时（1人）的大学毕业归国任教，主要担任外语（英、日、德语）及近代科学课程（法学、数学、外国史地）等课的教习。

3. 聘用外籍教师。从1904年到1913年，高等学堂共聘用了有真才实学的外籍教师35人，其中日本教习20人，美国教习10人，英国教习 3 人，还有德国、丹麦等国人。1913 年，在册的外籍教习即有 14 人。除个别人作外语教习外，大多都从事程度较深的近代自然科学课程的讲授。

4. 从本学堂留下的早年毕业的品学较优者任教习的有 30 余人，他们是学堂教师队伍的重要后备力量。

学堂对教习的管理比较严格，增订的章程明文规定"就聘教员，非经学堂之许可，均不能管理其他事业，不能私任他学堂讲授"；外国教习"除学堂例定假期及该教习本国祭日外，不得辍讲"，"不得在学堂中传习教规"。

(四)四川省城高等学堂的学生管理

高等学堂兴办初期，只能按照传统的办法，由四川各府县在有功名的生员中择优遴选申送。稍后，新式中学堂有了毕业生则逐步增大这类生员的比重。到 1911 年，在校学生人数为 506 人。

学堂对学生要求较为严格。学生手册规定，学生"品行不端、荒废学业，不遵学堂章程，沾染嗜好，学业不进，难期造就，得核定令其退学；各科平均分数不及格而相差未至 10 分者，酌予降班；不及格至 10 分以上者照章淘汰。"学堂还提倡踏实学风，朴素作风、意在培养学生的良好品德。

学生毕业后的出路有两条：一是出洋留学，二是充任新式中学堂教习。如 1908 年毕业的 235 名毕业生中，除大部分派到新式中学堂任教外，另有 6 人考取京师大学堂通儒院深造，22 人公派出国留学(比利时 2 人，英国 2 人，日本 18 人)，这些人毕业或留学归来后，都成为四川地区高等教育发展的主力军。

（五）四川省城高等学堂在全省的特殊地位和作用

四川省城高等学堂作为晚清壬寅学制改革在四川实施后所组建的全川最高学府，其影响很大。在推动四川学务方面，起了示范作用。

高等学堂，包括测绘学堂、铁路学堂，以及半日学堂、中学堂等，形成了一个体系，先后培养了不少人才。如朱德、郭沫若、张培爵、张颐、温少鹤等。这些人在四川乃至全国的政治、经济、军事、文化上，都是有地位和影响的，学校给予的早期教育影响是应当充分肯定的。

辛亥革命后，四川省城高等学堂改名为四川高等学校，此后再经过国立成都高等师范学校、国立成都大学等阶段的曲折发展，最终演变为国立四川大学。它作为融四川中西学堂及锦江、尊经两书院于一体的四川近代第一所文理兼备的综合性高等学校，乃是四川大学的正源，而后来设置的四川大学土木工程学系（铁道建筑工程学科）则重要根植于此。

第二节　铁路学堂和四川工业学堂

　　四川省城高等学堂创办的正科二部工科，以及于 1903 年由川汉铁路公司兴办的铁路学堂、1908 年由四川提学使方旭创办的四川工业学堂均为于 1931 年组建的国立四川大学土木水利工程系的初始源头。

一、铁路学堂

　　铁路学堂系四川大学铁道建筑学科的源头之一。该学堂因应清末修筑川汉铁路的需要而兴办，附设于高等学堂。具体于光绪三十二年(1906 年)3 月，由川汉铁路公司举办，由同是该公司绅方总办的胡峻任总理(校长)。先设业务班、测量班、本科三年班，培养铁路工程技术人员。到 1909 年时，上述三个班次生员毕业，升入铁道本科及建筑科肄业，合计约 164 人。少数学生还分送日本、美国留学。著名传记作家韩素音的父亲周映彤则是作为铁路学堂的学生派往比利时留学。

　　铁路学堂本科各课，除国文、伦理、体操外，多以英文直接教授。建筑科则用汉译教科书，用英文讲授，"冀以达成路工合用之材，俾得早资任使"。

　　铁路本科，在各中学堂尚无毕业生的情况下，入学堂学生需预科三年，再入正科三年始毕业，学制相当正规。生源原则是各县申送，大县 3 人，中县 2 人，小县 1 人，认川汉铁路股达万金者准其申送 1 人。

辛亥革命期间，随着四川保路运动的开展，铁路学堂学生积极参加了这场斗争，成为辛亥革命时期西部保护运动的骨干力量。铁路学堂在辛亥革命后停办。铁路学堂培养的学生后来成为民国初年工程技术界的著名人士的有任传榜、刘均、王鲁、邱泽书等人；其师资及学科建制转入四川工业学堂。

二、四川工业学堂

四川通省师范学堂，五大专门学校（政治、国学、外语、工业、农业）的创办，是四川高等专门教育发展的标志。这些专门教育到后来，都与四川省城高等学堂实现融合，成为国立四川大学的重要源流之一。

此处重点介绍与国立四川大学土木水利工程系铁道建筑专业有直接渊源的四川工业学堂。

1908年2月，由四川提学使方旭在四川游学预备学堂旧址，改办四川工业学堂，最初学堂为"中等"，1910年，川督赵尔巽下令改称四川高等工业学堂，并迁至提学使署。

专业设置以"就四川之原料造就完全实业之人才""因地因才先系共急"为原则。

辛亥革命后，四川工业学堂于1912年2月改称四川高等工业学校；1914年按全省专门学校改制，又改名为四川公立工业专门学校。按这一时期制订的《四川公立专门学校学则》规定，本校以"教授高等学术，养成工业专门人才"为宗旨，本科三年，预科一年。

课程基本按教育部要求开设，偏重应用工科，开设了建筑类课程，如建筑法等。这为尔后成立铁道建筑专业打下了一定的基础。

第三节　重建工学院

始建于 1908 年的四川工业学堂，1927 年演变为公立四川大学工科学院。1931 年国立成都大学、国立成都师范大学、公立四川大学合并组建国立四川大学，工科学院因故取消。1943 年，黄季陆接任四川大学校长之初就明确指出："要增设实科学习，培植西南建设人才。"1943 年秋季开学，便决定了恢复理工学院。理工学院新设航空工程系和土木水利工程系。

1944 年重建的国立四川大学工学院的大门(今南光公司所在地)

1944 年秋，航空工程系、土木水利工程系开始招生。中央水工试验室专家张久龄任土木水利工程系教授兼系主任。两个系的微分方程、应用力学、材料力学等课均由两位系主任亲自讲授。戴运轨教授担任两个系一年半的物理课的讲授。其时，土木水利工程系师资力量空前雄厚，有留美博士水利局总工程师李镇南教授，结构分析和桥梁设计专家周存国教授，还有程良俊、蔡家鲤、李希浸、陈秉良及曾赴日考察工业的刘学义教授等。1944—1949 年期间，土木水利工程系有教授 13 名，他们分别是：林启庸、张有龄、彭荣阁、梁锡璜、李镇南、周存国、辜其一、杨德晌、沈君城、魏振华、候专田、冯天爵、袁汶成。在两位系主任的努力下，曾有人如此评价当时的四川大学工学院："执教严格，取材宏高，即已有多年历史的工程学校，亦不过如是。"

1947 年，经教育部批准，四川大学理工学院理工分建，正式成立四川大学工学院。首任院长李寿同(曾任北京大学教授，先后留学法国、德国、意大利，回国后任中山大学教授五年)。李后因年老多病，又忙于著书立说，1948 年夏，则由土木水利工程系主任林启庸教授任工学院院长。林启庸出任四川大学工学院院长后，"其教学方法，素称严格，对各种重要学科，仍将一本以往，每周考试。"

到 1948 年，仅四年时间里，恢复后的四川大学工学院下设五个系——航空工程系、土木水利系、机械工程系、电机工程系、化工

系。其中航空工程、土木水利工程两系已有毕业生。其时，工学院在校学生人数达到 700 多人。工学院图书馆也已建成，订有中文杂志 54 种，英文杂志 60 余种；还收集有从 1940 年到 1945 年的成套专业杂志、专业书籍 1500 多种。工学院还拥有了自己的实习工厂，不仅满足了学生实习需要，还生产了当时较先进的油印机、碾米机、排水机等产品。

1952 年土木工程系从土木水利工程系拆分出来独立建系，其时，铁道建筑工程学科已成为土木工程系的重点学科。

第四节　四川大学土木工程系铁建专业师生的两度调遣

一、第一次

1953 年，全国高校第二次院系调整，四川大学工学院土木工程系的铁道建筑专业教师 5 人、学生 56 人调往新组建的中南土木建筑学院。

调入中南土木建筑学院教员名单：

教授：洪文璧、刘达仁。

助教：杨叔孔、张育三、张立华。

二、第二次

1959 年，中南土木建筑学院解体，"铁三系"（铁道建筑、桥梁与隧道、铁道运输）师生员工及部分公共课教师调入新组建的长沙铁道学院。

　　调入原长沙铁道学院的原四川大学土木工程系铁道建筑专业的教授有洪文璧、刘达仁。

第七章　中南大学路科溯源之华南工学院铁路桥梁专业

第一节　五流归一

1951 年 11 月 30 日，中央人民政府政务院第 113 次政务会议批准了教育部召集的全国工学院院长会议所通过的《关于全国工学院调整方案的报告》。该方案本着"以华北、华东、中南三个地区的工学院为重点做适当的调整"之原则，于其第二条第 8 款，确定在广州学区"将中山大学的工学院、岭南大学、华南联合大学的工学院工程方面的系科与广东工业专科学校合并成为独立的工学院。"

中共中央华南分局、广东省人民政府在执行《中共中央关于工学院调整计划要点的通知》精神的基础上，于 1952 年 2 月下旬正式开始广州学区的院校重组、整合工作。明确所设立待命名的工学院校址及基本单元："地址：中山大学石牌旧址；单元：以中山大学工学院、岭南大学理工学院内工学院部分、华南联合大学<理>工学院、广东工业专科学校的土木工程系为基础合并组成广州学区独立的工学院。"于是，广州学区的一所独立工学院——华南工学院于 1952 年 10 月 7 日应运而生。当年的 11 月 19 日，广州《联合报》载文报道华南工学院组建开学的消息。

华南工学院组建初期设有机械工程系、电机工程系、化工工程系、土木工程系、建筑工程系与水利工程系等6个系15个工科专业。

第二节　国立中山大学及其土木工程系

一、历史沿革

(一)早期

1904年，两广速成师范馆创建；
1905年，广东法政学堂创建；
1909年，广东农林试验场创建。

(二)广东大学时期

1924年2月6日，孙中山下达总统令，任命国立广东高等师范学校校长邹鲁为主任，筹建广东大学。邹鲁2月21日到任，即函聘王星拱、傅斯年、邓植仪、何春帆、梁龙、程天固等35人为筹备委员，成立筹备处，封准向广东各机关挪借开办经费。5月9日，筹备工作完成。6月9日，孙中山又以大总统令任命邹鲁为校长，同时广东高等师范学校、广东公立法政大学、广东公立农业专门学校合并升格国立广东大学，学校于9月19日开始上课，11月11日补行成立典礼，孙中山亲临典礼现场讲话，并题写校训。按照当时《广东大学规程》，广东大学宗旨为："以灌输及研究高深学理与技术，并因应国情，为图推广其应用为宗旨。"学校设校长1人，并设秘书长1

人协助校务，由校长、各分科学长、预科主任以及全校教授互选若干人组成，评议、计划重要校务。广东大学成立时，文科学长为杨寿昌，理科学长为邹重魁。不少知名学者被聘来校任教。如文科的郭沫若、郁达夫、郑伯奇、成仿吾等；理科的何衍睿、张云、陈宗南等。

1925 年，广东公立医科大学、广东公立工业专门学校并入。

(三) 中山大学成立

1925 年 3 月 12 日，孙中山逝世后，廖仲恺提议将广东大学更名为中山大学，10 月获国民政府批准。1926 年 7 月 17 日正式更名为"国立中山大学"，成为广东的最高学府。此时国立中山大学已经成为相当规模的综合性大学，而各学院建设也力图规范化。

按照早期校领导人的想法，力图将中大医科办为德国式，把农科办为美国式，把文科办成北大式。戴传贤为中山大学首任校长。时逢戴正患病，暂由教育家经亨颐代职。

1926 年 3 月，郭沫若就任文科学长，郁达夫任英国文学系主任。4 月，秘书处开始出版不定期杂志《学艺丛刊》，进行学术文艺讨论、社会改造研究、世界潮流批评、东西方名著介绍等。

1927 年 1 月，鲁迅从厦门大学被聘至中大任文学系主任兼教务主任。2 月，天文台在中大理科所在地的一座山岗上建成。3 月 1日，中山大学举行了隆重的开学典礼。8 月，更名为"国立第一中山大学"(1928 年 3 月，复名为"国立中山大学")。原广东大学中国文学系改为中国语言文学系，文史科的加强最为明显，除去原有教授，又相继来了许寿裳、孙伏园、孙福熙、何思敬、江绍原、顾颉刚、罗常培、刘奇峰、俞平伯、赵元任、杨振声等人。傅斯年任哲学系主任兼文史科主任，孙伏园任史学系主任。

20 世纪 30 年代，国立中山大学设有文、理、法、工、农、医、师等 7 个学院。1931 年初，改文、法、理、农、医科为学院。同年 3 月，重提成立工学院事宜，并定于下半年筹建。先设立土木工程、机械工程、电机工程、化学工程四系。

（四）1934 年后

1934 年秋，中山大学理工学院分出土木工程与化学工程二系，同时增设机械工程、电气工程二系，组建工学院。方棣棠为土木工程系主任。1935 年，工学院土木工程系首届毕业生组织的全国工程考察团在丘秉敏、崔龙光教授的带领下，到全国 10 多个城市参加考察。

1938 年，广东省立勷勤大学工学院并入中山大学工学院，增设建筑工程学系。

1941 年，土木工程系应届毕业生到罗家渡参观、考察铁路桥梁。

1946 年，土木工程系副教授黎献勇赴美进修水利并考察工业教育。

（五）1949 年后

1949 年，中山大学工学院建筑工程系教授陈百齐赴日本考察建筑教育。

1952 年，中国高校院系调整，广东的文理科高等教育经历了一次重大变革。10 月，广州区高校调整委员会发布题为《以对人民负责的态度，做好院系调整工作》的文件，对此事进行全面动员。广东高校院系调整正式启动。原中山大学的工学院与岭南大学理工学院内的工学部分、华南联合大学文理学院内的工学部分及广东工业专门学校工学院合并组成华南工学院。

第三节　岭南大学及其土木工程系

一、私立岭南大学

1884 年(清光绪十年),美国在华传教牧师香便文(B. C. Henry)和哈巴(A. P. Happer)拟在广州筹办一所高等学堂,1888 年在广州沙基金利埠设立格致书院,由哈巴负责院务,后因哈巴回国,书院停办。

1899 年,美牧师尹士嘉(O. F. Wisner)重办格致书院,院址改设广州四牌楼福音堂。1900 年,义和团反帝运动爆发,书院被迫迁址澳门,改名为岭南学堂,加聘钟荣光协办校务。

1903 年,在广州康乐村附近购得空地二百亩,学校回迁广州,学生人数增至近百人。1904 年学堂更名为岭南学校。1914 年再更名为岭南文理科大学,1917 年增办农科。

当时学校的管理机构为设在美国纽约的学校董事局。

随着学校发展,部分师生日益产生了回归华人自主办学的要求,1926 年,钟荣光赴美参加董事局会议时,极力建议:岭南大学应向国家申请立案,并向董事局提出将学校交华人自主办理的要求。

同年 11 月,国民政府颁布私立学校立案规程,此规程规定:设置在中国的大学必须由中国人办理,禁止外国人在中国开办大学。经协商,岭南大学在中国设校董会,钟荣光为校董会主席兼校长,原董事局改为岭南大学美国基金委员会。

自此,岭南大学在开办 38 年后,收归中国人自主办学。

20 世纪 20 年代岭南大学全体师生合影

收回办学权后，岭南大学获得较大发展，学校培养出不少精英人才，如政治家廖承志、音乐家冼星海、美术家司徒乔等，都曾在此就读。

二、岭南大学工学院及其土木工程系

1929 年 10 月，受国民政府铁道部委托，岭南大学筹办"广州岭南大学工科学院"。

双方签订的办学条例规定："以专办土木工程养成铁道及公路专门技术人才为宗旨。"该条例还明确：铁道部所给经常、临时等费用；设备赠予等项，专用于该院；院长须经铁道部审查同意后再由校长聘用之；铁道部投入 15 万银圆兴建的工科学院大楼于当年 12 月 6 日动工。学院于次年开始招生，培养的毕业生多服务于湘桂、广梅、粤汉、湘赣、京贵等铁路机构。

为促进学生深入铁路生产一线作专业认识实习与课程实习，铁

道部于 1938 年 5 月上旬函达岭南大学:"各生在路实习期间及毕业待遇,均按(上海)交通大学毕业、实习办法办理。"也就是说,岭南大学的学生,在铁路上与上海交通大学学生享受同等待遇。

据有关史料记载,当年岭南大学工科学院的图书、仪器、设备也较为充实齐全,远胜于同期的中山大学和香港大学。

师资方面,至 1950 年上半年,岭南大学工科学院土木工程系拥有教授 4 人,副教授 2 人,讲师 2 人,助教 2 人,学生 157 人。

三、岭南大学土木工程专业的归宿

1952 年 3 月,全国院系调整开始,根据中共中央批准的《广州区高等学校调整方案》,岭南大学工科学院土木工程、电机工程两系师生及物理系、数学系个别教师与当时的中山大学工学院、华南联合大学理工学院及广东工业专科学校的土木工程专业一并调整到华南工学院,组建华南工学院的土木工程系。其时,岭南大学的其他学院、学科也分别合并至其他学校。至此,岭南大学在坚持办学 64 年后被撤销。(参见华中师范大学出版社 1992 版《中国高等学校变迁》、广东人民出版社 1983 版《广州近百年教育史料》)

第四节　华南联合大学及其土木工程专业

一、华南联合大学的组建

新中国成立伊始,国家着力整合原有的教育资源。1951 年国家教育部门与广东地方政府协商确定将原私立广东国民大学、私立广州大学、私立广州法学院、私立文化大学、南方商业专科学校合并组建华南联合大学。

二、私立广东国民大学及其土木工程专业

私立广东国民大学创办于 1925 年 9 月。

创办之初设有中文化系、政治学系、经济学系及商学系。

1930 年,增设工学院,先办土木工程系。同年 6 月,"中华民国"教育部对学校立案注册。

1938 年 10 月,广东沦陷于日军,学校迁开屏县,并在香港设分教处。

1943 年,吴鼎新校长辗转全省及江西筹款百万元存款,计划以韶郊吴奎冈为建校地址,后向北江公司租冲瑶山建设学校。

1944 年,曲江告急,再迁至罗定太平圩,后又迁罗定县泗纶(9 月被毁)、上泷簕小(罗定郁林交界)等乡。与其他各校及新成立的省立工业专门学校一起上课,共享受国府教育津贴逾 350 万元。

1945 年,再迁至阳春县春湾镇。

1945 年,日军投降,9 月 29 日复校荔湾多宝路荔湾桥西。

1948 年,私立广东国民大学的规模已仅次于中山大学,超过私立岭南大学、私立广州大学等系省内高校。其工科仅弱于中山大学,其时,工学院院长为卢颂芳。

1951 年,私立广东国民大学与私立广州大学、文化大学、广州法学院合并成华南联合大学。

办学期间,私立广东国民大学土木工程系共毕业 372 人(机械工程系与电机工程系至解放时均尚未有毕业生)。该校办学期间学生的学习成绩,在全校文、法、工、商四个学院的 11 个学系中,以土木工程等 7 个学系成绩最好,并有其他特色。1943 年举行全国凡 98 所,分八类学院而录取,工学院第一名子叶锐雄便系该校土木工程

学系学生。抗战后期毕业生从事土建、路桥方面建设的人才曾一度享誉南方。

三、私立广州大学及其土木工程系

私立广州大学，1927 年由陈炳权、金曾澄等人创办。借慧爱东路番禺县立师范学校为校址，1930 年后在汉民路（今北京路）和文德路分别建校舍。私立广州大学正式成立于 1927 年 3 月 3 日，是中国南方一所历史较长的私立大学。

1937 年，私立广州大学奉教育部批准计划开设计政、建设工程等 7 个班，由于抗战时局紧张，只开设了计政班。

1940 年，学校遂迁往台山县原宁阳铁路公司旧址，将理学院扩充为理工学院，增设土木工程学系。

1945 年 8 月，抗战胜利，私立广州大学复员广州，在东横街原址复课。1948 年，呈奉教育部批准设立经济研究所，招收研究生，毕业成绩及格，报教育部授予硕士学位。这是私立大学之佼佼者。根据《广州大学校刊》等有关统计资料：1949 年上半年，私立广州大学以红桥部为主，设立文学院、法学院、理学院、工学院、商学院、经济研究所及附设会议专修科、计政训练班。当时总计教职员工 800 多人，学生共有 1.4 万多人。

1945 年，陈炳权在美国结束战时经济考察工作后，走遍美国 48 个州，为私立广州大学募捐基金，获得美国波士顿、纽约、罗斯福等 30 多所大学赠给广州大学免费学额数十名，捐赠图书 8 万多册，仪器一大批。又向美洲华侨募得 122328 美元，作为兴建校舍之用。兴建崭新建筑物如华侨堂、文化堂、全美至孝笃亲纪念堂、理工实验场、图书馆等，并进一步增加设备，开拓业务。

1948 年 8 月，陈炳权由美归来，重掌私立广州大学，先后选派梁国材、劳洁灵等 30 多人赴美免费留学。1949 年 10 月，陈炳权与谭维汉赴香港，筹设分校。同年 10 月 14 日广州解放，全市欢腾，私立广州大学立即进行复课和开展庆祝解放活动。同年 12 月，陈炳权偕同谭维汉等人，携带账册和款项由港返穗。陈抵校以后，先将带回来的数万元港币清发全校教职员工工资，随即公布华侨捐款和私立广州大学历年收支账目，又派人将广州解放前夕疏散往香港广大中学的 10 万册图书和教学仪器、乐器等全部物资，满载一个火车车卡悉数运回广州。当时主持香港分校的黄毅芸拒绝交出物资，后经陈一再亲笔函请在港校董协助，终于把上述图书等物运回广州。1950 年初，陈因病离穗赴港就医，旋侨居美国。

1951 年初，私立广州大学与私立广东国民大学、私立文化大学、私立广州法学院、南方商业专科学校合并组建华南联合大学。

1952 年，华南联合大学(理工大学)与其他高校相关院系合并组建为华南工学院。

第五节　广东工业专科学校及其土木工程系

一、广东工业专科学校及其土木工程系的诞生

广东工业专科学校的前身是 1918 年成立的广东省立第一甲种工业学校。1918 年，广东省立第一甲种工业学校开设机械、染织、应用化学、美术 4 科；1921 年，设机械、织染、美术制版 3 科。

1924 年 7 月，更名为广东省立工业专门学校，设化学、机织、机

械3科；1928年9月，新开设土木工程、电机工程两科；1929年2月，裁撤电机工程、机织两科，只设化学、机械、土木工程3科。

1933年7月，广东省立工业专科学校扩设为广东省立勤勤大学。（广东省立工业专科学校扩建为广东省立勤勤大学后，学校设机械工程系、化工机械系、建筑工程系、土木工程专修科；1938年夏，广东省立勤勤大学工学院并入国立中山大学工学院，与国立中山大学工学院已有的土木工程系、化学工程系、机械工程系、电气工程系四个系合并成土木工程系、化学工程系、机械工程系、电机工程系、建筑工程系五个系。）

1943年夏，广东省国民政府教育厅复办广东省立工业专科学校，1950年改名广东工业专科学校，设有土木、建筑、化工、机械、电机、水利等专业科目。

1952年11月，广东工业专科学校整体并入新组建的华南工学院。

二、广东工业专科学校工科学院的师资

当年广东省立工业专门学校工学院拥有一批有名的教授。他们不仅见证了学校的发展和历史变迁，并对后来华南工学院的组建和建设做出了重要贡献。其中，罗明燏、罗雄才、方棣棠、李敦化、李松生、李翼纯6位教授都跟随广东省立工业专科学校的并转，先后在广东省立工业专科学校、勤勤工学院、国立中山大学（1950年9月9日更名为中山大学）任教，1952年转入新组建的华南工学院任教。如当时教授铁骨混凝土（即钢筋混凝土）的罗明燏教授1931年便是国内的知名教授。当时，罗教授除教授铁骨混凝土外，还教授了施工法、构造强弱学。当时讲授平面几何、物理学、工业力学的李松生

也是国内知名教授。

　　随着广东工业专科学校扩设为勤勤工学院,后并入国立中山大学工学院。这6位教授来到国立中山大学,他们参与了国立中山大学工学院的筹备与建设。1934年国立中山大学工学院成立之前,1925年和1932年有两次成立工学院筹备委员会,李敦化、方棣棠、罗雄才、李翼纯都曾担任委员;1934年国立中山大学工学院成立后,他们在不同时期担任主要职务,其中罗雄才曾任工学院院长,罗明燏曾任工学院院长,方棣棠曾任土木工程系主任,李松生曾任电机工程系主任。

　　1950年,国立中山大学改名为中山大学,1952年中山大学工学院调入华南工学院,这6位教授也都来到华南工学院,其中,罗明燏出任华南工学院首任院长,罗雄才任华南工学院副院长,方棣棠为土木工程系教授,李敦化、李翼纯为化学工程系教授,李松生为电机工程系教授。

第六节　广东省立勤勤大学及其土木、建筑工程(科)系

一、省立勤勤大学的建立及其土木、建筑工程(科)系的设置

　　勤勤大学是陈济棠为了纪念国民党元老古应芬而创办的。

　　1932年秋,陈济棠主政广东,为了巩固其统治的地位,罗致知识分子,过去古应芬(湘芹)给予过陈济棠不少帮助,故用西南政务委员会的名义创办勤勤大学。任命肖佛成、邓泽如、陈济棠、林云陔、林翼中、陈融、刘纪文、谢瀛洲、陆幼刚等人为校董,以刘纪文、

谢瀛洲、陆幼刚为筹备委员。1933年夏,将原省立工业专门学校扩设为勷勤工学院、设机械工程系、化学工程系、建筑工程系、土木工程专修科,任卢德为院长。同时将广州市立师范扩设为勷勤师范学院。1934年7月,商学院成立,加上原有的工学院、师范学院,按当时的有关条例,具有三个学院以上便可称为大学。于是,学校正式更名为勷勤大学。任林云陔为校长。在石榴岗建筑新校舍。

1936年,陈济棠因发动"两广事变"反蒋失败被迫下野。

1938年8月,政府将拟停办的勷勤大学工学院并入中山大学工学院,作为独立学院。

二、省立勷勤大学工学院土木工程、建筑工程系的师资及人才培养

省立勷勤大学时期,工学院土木工程系、建筑工程系主任分别是罗明燏和林克明。

当时全国各大学很少重视培养建筑师专业人才。全国只有两所大学设建筑系,一是中央大学建筑系,二是勷勤大学工学院所创办的建筑系。

当时土木工程系与建筑工程系均拥有资历较深的师资若干人,且都教学认真。加之:(1)院址设在增城,距市区远,学生不易习染城市习气,形成了良好的读书风气。(2)在工学院前身"工专"时期,屡易校长,教师变动多,改大学后,物色师资只讲求资历而不偏重于任何一派,且对老教授不轻易更动或调整,使教师少"五日京兆"(任职时间短)之忧,安心教学;学生亦因对教师有信仰而更引起钻研的兴趣。(3)改大学后,因省主席林云陔兼任校长,有可能拨出大量资金为学院扩充费用,因而各种图书、仪器、工厂设备均充实可观,在

教学上给师生以莫大的帮助及鼓舞。有了以上这些原因，勷勤大学工学院在成立后培养出一大批土木、建筑工程方面的技术人才，得到社会上的好评。

三、勷勤大学停办

勷勤大学新校舍落成后，政局改变。1936 年秋省政府已换黄慕松担任主席，1937 年黄逝世后改由吴铁城接任。陆嗣曾与他们不属于同一派系，因此，勷勤大学能领到的仅是维持一般校务开支的费用，对于要求加拨扩充设备所用的资金则完全无望，学校各种建设因而转入低潮。勷勤大学从此进入了它的艰难时期。勷勤大学是西南割据局面的产物。蒋介石对创办该校以纪念他的政敌古应芬本来就极为不满，1937 年卢沟桥事变后，广州频受敌机空袭，学校难以正常上课，勷勤大学三个学院相继迁入内地，南京政府利用其分散播迁的机会，决定将勷勤大学停办，勷勤大学因此解体。1938 年，勷勤大学工学院并入中山大学工学院。

第七节　华南工学院组建时土木、建筑工程系沿革

一、土木工程系

1928 年，广东省立工业专门学校新设土木工程科；1930 年，广东省立工业专门学校改称广东省立工业专科学校，保留土木工程科；1933 年 7 月，广东省立工业专科学校扩建为勷勤工学院，设土木工

程专修科。(1938年勷勤工学院并入国立中山大学,勷勤工学院土木工程专修科与国立中山大学工学院土木工程系合并,后随中山大学工学院并入华南工学院)。

1930年,私立广东国民大学增设工学院,先办土木工程学系;1940年,私立广州大学扩大理学院为理工学院,增设土木工程系;1951年,由私立广东国民大学工学院和私立广州大学理工学院合并的华南联合大学理工学院设有土木工程系。

1931年国立中山大学理学院改为理工学院,增设土木工程系;1934年8月,国立中山大学工学院成立,土木工程系划归工学院。

1934年,岭南大学工学院始设土木工程科,1938年工学院改成理工学院,保留土木工程系。

1952年11月,中山大学工学院土木工程系、华南联合大学理工学院土木工程系、岭南大学理工学院土木工程系并入华南工学院土木系。

二、建筑工程系

1928年,广东省立工业专门学校新设土木工程系便开设了建筑课程。

1933年7月,广东省立工业专科学校扩设为勷勤工学院,设有建筑工程系。

1938年,广东省立勷勤大学工学院并入国立中山大学工学院,后者增设建筑工程系。

1947年,私立广州大学设理工学院,含建筑工程系;1951年,由私立广东国民大学工学院和私立广州大学理工学院合并的华南联合大学理工学院设有建筑工程系。

1952 年 11 月,中山大学工学院建筑工程系、华南联合大学理工学院建筑工程系并入华南工学院建筑系。

第八节　华南工学院土木、铁路、桥梁专业部分教师
的两度调遣

一、第一次

1953 年,全国第二次院系调整,华南工学院土木工程系的"铁路建筑"专业、"桥梁与隧道"专业、"桥梁结构"专业的部分教师调往湖南长沙,并入新组建的中南土木建筑学院。原华南工学院土木工程系主任桂铭敬(后调入长沙铁道学院)出任中南土木建筑学院筹备委员会委员(后转为院务委员)。同年 5 月,召开首次筹备委员会全体会议,讨论建院工作,会议强调学习苏联经验,改变原来的系科设置原则,以专业代替学科,系下设专业,培养专门人才。学院设营造建筑、汽车干路与城市道路、铁道建筑、桥梁与隧道 4 个系。中南土木建筑学院正式成立后桂铭敬任铁道建筑系主任。铁道建筑系下设铁道建筑专业、铁道建筑专修科,铁道勘测专修科、铁道选线设计专修科。

二、第二次

1959 年,中南土木建筑学院解体,"铁三系"(铁道建筑、桥梁与隧道、铁道运输)师生员工及部分公共课教师调入新组建的长沙铁道

学院。

调入原长沙铁道学院的原华南工学院土木工程系的教员：

教授：桂铭敬；

副教授：赵方民；

讲师：邝国能、毛儒。

第八章　人物小传

　　他们曾经分别来自 7 个省市的相关高校, 途径中南土木建筑学院, 最终都走进了曾经的长沙铁道学院。饮水思源, 他们大多为我们中南大学路科的创始或发展做出过特殊的贡献; 回顾当年长沙铁道学院的迅速发展, 他们都是勇立潮头唱大风的大师级弄潮儿! 限于手头资料, 我们只能为这些元老级的功臣们聊立"小传", 有的连"小传"都名不副实, 仅为简历而已, 有的甚至连"简历"都难以寻觅, 只能让他们的功与名长存于已经了无痕迹的历史中。

第一节　学贯中西的铁道建筑专家
——李吟秋的多彩人生

　　李吟秋教授, 1900 年 12 月 12 日生于河北省迁安县书香世家, 自幼勤奋好学, 随祖父习四书、五经, 深受中国传统文化的熏陶, 奠定了国学基础, 树立了对国家、家庭、事业高度责任感的道德情操。青少年时代, 就学于北京汇文学校, 中学二年级以直隶省第一名的成绩考入清华学校高等科(清华大学前身), 并于 1922 年毕业公派留美, 先后毕业于伊利诺伊大学铁道工程专业、康奈尔大学水利工程专业, 并于普度大学研究院攻读桥梁建筑及结构学, 分别获得学士、硕士学位，毕业后，在纽约桥梁公司和房屋公司工作过，1926年赴欧洲对英、比、荷、法、德、苏联等国的铁路、市政建设及海湾工程进行了考察。1927年由苏联回国，开始了他工程实践与教育相结合的生涯。

　　1927年归国后，先赴东北交通委员会工作，任京奉铁路和葫芦岛海港工程工程师。后因他的上司常荫槐（时任交通部次长、黑龙江省主席）遇害，即返回天津。1929年至1938年春，在天津工作期间，从事市政建设，历任天津市政府技正（总工程师）、天津工务局局长，华北水利委员会委员，整理海河工程委员会委员等职。在此期间主要业绩有：完成该市特一区自来水厂设计与施工；参与治理海河等水利工程……著有《凿井工程》《市政工程》专著出版。

1937年大红桥落成，匆匆留影，日寇入侵未举行庆祝活动。右五即李吟秋。

在 1933—1937 年参加治理海河工程及筹建天津大红桥(又称西河新桥)的大型工程中,李吟秋由于深入调查了以往此河桥梁损毁垮塌的原因,掌握了河道水文地质概况,作为设计、施工负责人的他,因地制宜,除了对该桥上部钢结构精心设计外,基于对桥位地段的水文、地质的研究,他提出投入较大的资金用于加强护岸工程。认为护岸不保,桥将不存。如今依然屹立的大红桥,证明这一措施的合理性。但在当时,却遭到掌握技术大权的时任建桥委员会、海河工程局总工程师哈代尔(法国人,曾任埃及尼罗河总工程师)的百般阻挠。他对中国人的技术和因地制宜的依据十分轻视。当时建桥资金和护岸工程费用均由外国船只缴纳之关税拨付。李吟秋坚持原则,据理力争,并克服重重困难,只身亲赴南京陈词和说服财政部门催请孔祥熙部长予以批准拨款支持,促成大桥高质量竣工投入使用。此后大桥历经 70 多年数次洪水与大地震的考验。

1937 年抗战爆发。在民族危亡时刻,李吟秋拒绝日本人高官厚禄的拉拢,在夫人胡经文的支持下,于 1938 年春,毅然化名假扮商人,只身乘坐英轮逃离天津。

弃家逃至大后方云南后,积极参加抗战,为抗战时期的云南交通事业付出了心血。为适应战局需要,他受命对地方的"个碧石铁路"进行考察研究,并提出了"云南省个碧石铁路调查报告及改善计划草案",除了提出各项改善措施,还着意指出"法人自修建滇越铁路后,复垂涎个旧产锡矿区运输之统治,以遂其经济侵略之野心"。此外,他还参与过筹建川滇铁路和滇缅铁路工作,担任川滇铁路公司秘书、专员、叙昆铁路工程师兼昆明办事处主任等职。

1941 年,云南省长龙云委任李吟秋任云南省石佛铁路筹备委员会工程委员、云南省石佛铁路筹备处处长,主持石佛铁路的勘测与实施,此后到滇越铁路昆明铁路管理局任工程司兼任滇缅公路第六工程处副处长之职。

　　李吟秋教授生长在民国初年，深受过列强侵略之苦，又在国外学习、考察过，更体会到东西方差距之大，落后就要挨打的道理，毕生满怀科教兴国的责任感和紧迫的使命感。

　　早在天津期间，他就兼职北洋大学、工商学院、河北工程学院的教授。在专业教学方面，他坚持理论与实践相结合；在思想、道德、情操方面，离不开古代思想家、教育家学术思想之精髓，并结合现实，勇于提出自己的见解，身体力行，教书育人，早在20世纪40年代中期，就发表《当今教育问题——如何解决青年思想之彷徨与学术之空疏》文章，阐述办学的主导思想。

　　十四年抗日战争时期，在昆明乡下疏散基地——跑马山桃源新村，聚集有西南联大、国家邮政总局等众多单位的职工家属。为了后代和战后国家的复兴，李吟秋积极办学，先办起临时教学班；接着，多方协助当时任"恩光小学"校长的吴允文女士，将该名校由市内迁来；继而，又在有识之士协助下，创办了建国中学。他亲提"忠恕诚明"的校训，并为校歌作词：

　　西山苍苍，昆海茫茫，吾校建国，蔚起南疆，莘莘学子来四方，发奋为雄图自强；孔孟是吾师，禹墨事迹扬，颜李实践，后学津梁，荜路蓝缕为国光。

　　钟鼓堂堂，国旗飘扬，尊师重道，学术发皇，春风化雨乐未央，正德厚生教自强；三育智仁勇，服务社会良，农工为本，科学是昌，取精用宏为国光。

　　彩云飞扬，海水汪洋，师生荟萃，桃李成行，生存演进义方长，致知力行法自强；古训修齐治，六艺作典常，勿忘勿助，无怠无荒。希贤希圣为国光。

　　他还约请西南联大和云南大学的教师、校友兼课。例如萧涤非教授和沈从文及其夫人张兆和女士。为开阔学生视野和思路，除借用联大师资和教学设备外，还请社会名流，如闻一多、吴晗等作报告，向学子传播思想、文化。教学质量堪称一流，外地学子纷纷慕名前来。

抗战胜利前夕 **1945 年 7 月**，建国中学初中结业典礼部分师生和来宾的合影（前排左起第五为吴晗，第六为闻一多，第八为李吟秋）。

李吟秋 1943 年开始，兼任云南大学土木系教授的工作。

抗战胜利后，受著名数学家、云南大学校长熊庆来之托，任云南大学铁道管理系(后改为铁道系)系主任。为专一教育，1949 年他辞去铁路管理局工作，全身心投入创办新系。他担负多门学科的教学，在既缺教材又缺中文参考书的状况下，特别是在中华人民共和国成立前后的五六年间，他不辞艰辛地收集英、美、法、德的书籍，结合自己的工作经验，夜以继日地编写了大量教材。内容不仅是铁路管理学科，还涉及土木工程类各专业课（如拱桥设计）及专业基础课，先后编写了《铁道建筑及养护》（卷一、卷二）、《车站与站场》（卷一、卷二）、《铁道工程》、《隧道工程》、《排水和土方工学》、《讯号工程》、《站场经营》等系列教材。凭借这些教材，在西南、在中南，特别是解放后，为祖国培养出一批批急需的铁路技术战线的骨干。后来苏联的参考书日渐增多，在学习苏联先进经验的基础上，他又为铁道系编写《铁道建筑》《铁道选线设计》《铁路设计及改建》等教材。这些都是他为学子呕心沥血的成果。

李吟秋、胡经文夫妇与部分子女摄于云南大学八家村 1 号门前

　　1949 年任云南大学工学院院长兼铁道管理系主任。
　　1953 年全国院系调整，他任中南土木建筑学院铁道运输系主任、铁道建筑系副主任；1954 年任湖南省科协主席；1956 年国务院定为二级教授，成为国务院首批批准的，中南土建学院第一位带研究生、副博士生的导师。这年，他加入农工民主党。

1961 年后李吟秋先后担任长沙铁道学院铁道运输系、铁道工程系主任及中国铁路桥梁史编辑委员会顾问等职；正式出版了《窄轨铁路的选线与设计》、《公路学》(俄文版，与人合译)等著作。

在科研方面，先后完成了《铁路轨道应力计算方法》《铁路纵断面精细设计与竖曲线类型选择问题》《小桥涵暴雨径流量估算简法研讨》《铁路分界点分布与支援农业问题》《中国铁路网合理规划问题的研究》《现在世界铁路的发展趋势》《铁路避难线设计理论的分析》《关于隧道内整体道床设计的几点意见》《单线铁路分界点合理布置的标准问题》(课题组长、拟稿人)、《经验公式与图解法》等几十篇论文(其中不乏部级课题)。

李吟秋教授学识渊博，通晓英、德、法、俄四国文字，曾为铁道部等部门翻译过许多涉及各学科和不同文种的疑难资料，为长沙铁道学院新成立的外语学院编写专业英语教材。

李吟秋爱好广泛。专业之外还热衷研究诸子百家之作，涉猎的学科也较多。他国学功底好，在清华读书期间，曾任校刊总编。他擅长诗词、对联。在抗战期间，写过许多充满激情的爱国诗词。他对我国古代的声韵、韵律学，以及古代的数学算法、天文学等都颇有兴趣地进行过研究。他还拜西藏喇嘛为师，学习藏文，研究藏传佛教的哲理。但他较有造诣的，要算对古代"周易"的研究。

李吟秋年近八十还和青年教师一起学日语，并认真地翻译出一本日文的《桩基础》。

李吟秋 1977 年 4 月 20 日退休，1983 年 3 月 15 日病逝。他的一生，是中国传统文化与西方科学、民主融会贯通的一生，是工程实践与教育相结合的一生，是贯穿科教兴国的理念、无私奉献、不断进取的一生。

（本文由李吟秋教授的第五子 李靖森、第七子 李靖森、李靖南供稿，已与相关档案查对）

第二节 列车脱轨理论的破译者
——曾庆元的追梦历程

曾庆元于 1925 年 9 月 20 日出生于江西泰和县螺溪镇三都圩乡郑洲村。一个地地道道的农民的儿子，在乡间私塾饱读了四年《四书》《五经》，四年私塾下来便通读了《大学》《中庸》《论语》《孟子》《幼学》《易经》《诗经》《左传》等大量儒家经典古籍。

虽然，曾庆元在回忆当时私塾四年的读书情景时说，那时候不大懂得背过的东西是什么意思，也不知道读了这些东西日后有什么用。但是，"读书百遍其义自见"，少年正是人的人格形成的重要时期，当年将那么多儒家经典著作背诵如流，烂熟于心，随着年龄的增长，这些儿时心中的文化积淀从客观上影响了他的人格形成，影响了他的整个一生。1937 年 2 月，曾庆元进入江西泰和县三都圩信实学校读小学。两年时间，学完了小学的全部课程。

1939 年 2 月，曾庆元考入泰和县立初级中学学习。当时，泰和县城经常拉响防空警报，老师经常带着学生东藏西躲，后来学校干脆迁至乡下。恶劣的学习环境没有耽误他的学业，此期间除了出色完成了初中三年的全部课业外，他还常常于防空警报声中冒着遭遇日寇空袭的危险跑到县城书店去阅读课外书籍。并且常常"挪用"自己微薄的生活费用购买特别喜欢的书。也便是从这时起,曾庆元开始自学从书店买回的《范氏大代数》。曾庆元说,他一辈子从事的是结构力学研究,数学是力学研究的基础,从这一角度上讲,他这方面的千里之行从初中时就开始了。

1942年2月,设立在江西青原山的国立十三中登报招收20名本地学生(其余只招收流亡青年)。曾庆元由于数学成绩特别优秀,被录取。

曾庆元有幸进入国立十三中学习,除了师资雄厚、办学条件优越外,还有一个令他神往的好处,那就是吃住免费,平时还有一些衣物的补助。因此,在国立十三中学习期间,曾庆元学习上特别勤奋努力,除出色完成规定课业外,仍继续研读自己喜欢的《范氏大代数》。一年之后这本书被人偷走了,曾庆元又找到一本《东莱驳议》继续研读,那时的他对数学的热爱近乎痴迷,这为他以后从事的学术研究进一步打下了坚实的数学基础。

对于曾庆元这种思想单纯,一心只想读书求学的青年来说,当时的国立十三中也有一个很不好的方面,就是政治环境恶劣。由于这所中学是国民党战时创办,校长为国民党头目,所以政治色彩浓厚,校内国民党和三青团活动猖獗。曾庆元由于受其父亲影响,性格向来较为忠厚内敛,对政治不感兴趣,所以对党派活动总是敬而远之,平时只和十几位同乡比较接近,而且这些同乡大多思想进步,其中有进步同学张天佑、黄济凡(直到解放时,才知道他们都是地下党)等。国民党中央政治大学每年都在国立十三中招生。曾庆元都敬而远之,从不沾边。

1945年1月,曾庆元从国立十三中毕业,但由于日寇军队此时正沿赣江向北撤退,所以不能去投考大学,只好在家自修和打理农活。1946年5月经人介绍到三都圩信实小学代上数学课,至同年8

月学期结束。

在一大批名师良师的言传身教下，曾庆元在国立十三中的学习经历，不仅为以后的学术研究奠定了坚实的基础，而且在名师的耳濡目染中，形成了积极进取的人生态度与出类拔萃的学术品格。

1946 年 9 月，曾庆元以优异的成绩考入当时的国立中正大学，并获得"甲等公费"求学资格，师从著名学者蔡方荫、王修寀、汪良一等人，主攻力学。

曾庆元就读的工学院的教师队伍中同样人才济济：院长蔡方荫系留美学者、国内著名的结构力学权威；工学院还有吴诗铭、王宗和、刘乾才、袁行健、彭旭虎、赵仲敏等一批年轻有为的新秀。曾庆元所在的土木工程系主任由年仅 30 岁的俞调梅教授担任，王修寀、何正森、高宇昭、邵德彝、戴良谟、方达功等人都是 30 出头的年轻教授，都有留学经历。

曾庆元经常深情地回忆说，他就是从上大学的时候起喜欢上结构力学的，因为亲自教他们课的那个教授，即工学院院长、美国留学归来的研究结构力学方面的著名专家蔡方荫。

中正大学四年，也给曾庆元留下了太多的遗憾。

一是这里的政治气氛太浓，而且是白色恐怖。由于学校本身是国民党政府所办，加之当时的校长系国民党员，亲蒋派人士，时值国内解放战争爆发，学校内部政治斗争非常严酷。据曾庆元回忆，当时学校里的国民党、三青团、青年军十分嚣张，经常殴打、迫害进步同学；常常深更半夜，突然来一辆汽车将人抓走，然后消失得无影无踪。1947 年开始，是中正大学最黑暗的时期，曾庆元亲眼看到国民党特务深夜到学生宿舍抓捕进步同学，这使他深感害怕，内心十分痛恨国民党反动派，但考虑到自己没有任何背景，父亲早已辞世，母亲和妻子要靠自己供养，又不敢公开反对，只是避开和远离国民党的一切反动组织及反动学生，而多与较进步同学接近（当时关系最密切的有刘正浩，后任洛阳有色冶金加工设计研究院副院长；丁成谟，后任上海英雄墨水厂厂长）。

　　另一个遗憾是老师上课讲英文，学生按照课文看，很多的地方看不懂，老师也不讲。特别是他最崇拜的蔡方荫老师上课，只讲力学而不涉及其他的学科知识与国内外的发展态势。这便使学生学取知识感到很困难；然而当时大多数学生不懂的东西很多，知识面也很狭小，需要老师从多方面传授知识。

　　也许是为了回避与弥补上述两个缺陷，大学四年，曾庆元除了认真学习好学校规定的各类课程外，还广泛涉猎课外的相关专业知识。据他本人回忆，在国立中正大学读书期间，他是学校周边书店的常客，每每书店新到一批专业书籍，他总会挤出家里给他的生活费买书。因为国民党当局与美国政府间的特殊联系，书店进的书都是清一色美国知名教授写的英文专著，包括有美国"应用力学之父"美誉的 S. P. Timoshenko 教授与 D. H. Young 教授合写的 *Engineering Mechanics*（《工程力学》），以及 *Theory of Structures*（《结构理论》）、*Theoretical Mechanics* 等力学方面的世界经典名著。这些名著，他或买或在书店阅看，都进行了广泛的涉猎。

　　大学期间，曾庆元还积极参加有关理论联系实际的各类实践、实习活动。如曾与土木工程系的师生一道参加了治理淮河的测量工作（受到了国家治淮工作指挥部的通报表扬），为江西省工业厅设计了造纸厂厂房和给水系统蓝图。

　　1950 年 7 月，曾庆元圆满地修完了大学四年的全部基础、专业课程，成了一名合格的大学毕业生，获南昌大学力学专业学士学位。由于成绩优秀（班里第三），被留校担任土木工程系助教。

　　1953 年，新组建的中南土木建筑学院非常重视教师队伍的培养、建设，先后选派了 104 名教师前往苏联专家讲学的兄弟院校、企业单位深造、进修，曾庆元便是其中一位。

曾庆元当时尚在南昌大学，其名单刚被划入校址设在长沙的中南土木建筑学院，还没来得到长沙报到，便被直接派往哈尔滨工业大学攻读苏联专家的研究生，准备主修木结构。后因苏联专家未如期到职，在哈尔滨工业大学预科 39 班学习了 8 个月俄语后，经中南土木建筑学院同意与推荐，又被高等教育部转派到清华大学土木工程系攻读研究生，主攻钢结构。

曾庆元在清华大学读研期间的指导老师是国内著名的力学专家王国周和苏联专家捷列温斯科夫（后者因历史原因基本情况无法查明）。

在清华学习期间，曾庆元得到国内外结构分析及力学领域专家捷列温斯科夫、王国周等的直接指点，系统地学习、研究了钢结构及焊工、结构架设检验、焊接技术、钢筋混凝土结构、金相学、建筑学、弹性反塑性力学等基础、专业课程。

清华期间，曾庆元还利用课余时间在清华大学图书馆熟读 Timoshenko 教授和 Gere 教授合著 *Theory of Elastic Stability*（《弹性稳定理论》）；以及 F. Bleich 教授的 *Buckling Strength of Metal Structures*（《金属结构的屈曲强度》），Timoshenko 教授的 *Theory of Plates and Shells*《板壳理论》）（这 3 本书都收录在美国著名出版商 McGraw-Hill 公司极力推荐的工程专著系列）。还有利希耶夫著的《飞机结构力学》。他曾动情说道，读了这些书才让他知道"学问天地之广，人外有人，书外有书"。曾庆元说，这些书他都是用批判的眼光来看，取其精华。《弹性稳定理论》促使他后来建立弹性结构稳定性分析的直观物理解释；《板壳理论》《弹性薄壁杆件理论》和《飞机结构力学》对他后来提出箱梁分析的板梁框架法、钢桁梁位移、自振频率计算的换算薄壁杆件方法影响重大。自此，他的研究思路更宽广了，后来又阅读了 Meirovitch 教授的 *Fundamentals of Vibrations*(《振动原理》)，Clough 教授和 Penzien 教授合著的 *Dynamics of Structures*(《结构动力学》)，Przemieniecki 教授写的 *Theory of Matrix Structural Analysis*(《矩阵结构分析理论》)。这些专著对他建立弹性系统动力学势能不变值原理和形成系统矩阵的对号入座法则帮助极大。后来还阅读了井町勇编的《机械振动学》，Bolotni 的 *Dynamic Stability of Elastic Systems*(《弹性系统动力稳定性》)。这两本书对他建立弹性动力学系统运动稳定性分析的总势能判别准则产生深远影响。这些著作对他的知识结构产生了深远影响，极大地拓展了他思维的广度和深度，激发他另辟蹊径，提出独树一帜的学术思想。

曾庆元出色地修完了钢结构硕士研究生的学业后，在导师王国周的指导下完成论文《跨度 100 m 飞机库圆柱网壳屋盖结构》，顺利通过答辩后，于 1956 年 7 月获得钢结构硕士研究生毕业证书。

清华大学两年半的研究生学习极大地拓展了他的视野，为以后开展桥梁稳定极限承载力分析及振动研究打下了坚实的基础，也奠定了他以后学科发展和学术研究的方向。

20 世纪 50 年代末 60 年代初，经铁道部与湖南省商定，将湖南大学桥梁与隧道系、铁道运输系、铁道建筑系及部分公共课教研室调整出来，并增设数理力学和电信两系，成立长沙铁道学院，直属铁道部领导。新组建的长沙铁道学院设有铁道桥梁与隧道等 5 个系，铁道桥梁与隧道等 7 个专业。桥隧专业从四年级起分为铁道桥梁专门化、隧道与地下铁道专门化两个方向。

当时在湖南大学工民建系任教的曾庆元本来不在调整的范围内，新组建的长沙铁道学院为了加强桥隧专业的师资力量，点名将其调入，安排在桥隧系建筑结构教研组工作。

多年后，每当别人提起从湖南大学被点名调入长沙铁道学院这件事，曾庆元总要重复三句话："到铁道学院是我一生中最大的机遇。因为当时的工民建是比较成熟的领域，要有所突破和发展很难；而铁路建设当时刚刚起步，大有发展前途。"

20 世纪 60 年代初，曾庆元便开始了钢桥结构与振动方面的学术研究，并且在不到三年的时间里，便于紧张的自学与教学之余，写出了两篇论文。

第一篇论文写成于 1962 年，题目是《构件应力集中截面疲劳强度的计算》。该文导出了金属疲劳裂缝形成条件方程式、疲劳破坏条件一般性方程式、构件应力集中截面疲劳破坏条件议程式及构件应力集中截面疲劳强度的计算方法。经有关专家审定，认为论文的基本观点有根据，结果好。

第二篇论文写成于 1964 年，题目是《钢梁式桥（简支和连续桥）竖向振动的近似计算》。该文基于达朗培尔原理及虚位移原理，提出了连续梁桥自振频率及振动位移计算式。这一成果对铁路桥梁竖向振动的分析计算原理有了重要发展。

1972 年，是曾庆元探索、研究桥梁振动的一个起点。这一年铁道部大桥工程局组织钢桥振动专题研究组以成昆线 192m 简支钢桁梁桥模型为对象，研究钢桥空间自由振动及静力偏载位移内力分布，分析了桁梁自由振动，进行了大尺寸桁梁模型的静载位移与自由振动试验，取得了良好成果。在这一次团队研究中，曾庆元提出了桁梁桥畸变及考虑畸变桁梁空间振动位移和自由振动的计算方法，分析了桁梁静载位移及自由振动，建立起了一种全新的理论分析方法，写出了《简支下承桁梁偏载变位、内力及自由振动计算方法》和《504 桥模型偏载变位、内力及自由振动计算》两篇长篇论文，计算结果与桥梁研究所模型实测结果很接近。这一成果开创了解析法桁梁空间分析的范例。桥梁振动理论研究的序幕正式全面拉开。

1973—1975 年，曾庆元继续参加大桥局主持的钢桥振动问题研究。

其间，曾庆元参加了九江大桥工程建设。到了九江大桥工地之后，便发现大桥局有很多力学问题，有很多设计问题正想找人做。首先碰到的一个问题是建设工地施工用的吊机塔吊短了，需要加长。但不知理论是否可行。现场工地有关方面人员通过实践队找到了曾庆元。回顾起当时的情形，曾庆元说：

就是要我计算吊机塔吊加长 2 米能不能吊，安不安全。我算了之后说没问题，可以试试看。结果加长一试，蛮好的，这个问题就解决了。

问题虽小，但开了一个好头，垫了一个好底，有了一接着会有二。曾庆元坚信。

果然不久，由于大桥局设计院在现场设计引桥的 40 米单箱双室预应力混凝土简支梁，需要对该梁进行扭转计算。当时，开始是邀请西南交大的五人专家组在现场作该梁扭转计算，可得出该梁端隔墙在自重下"三条腿"时最大扭曲拉应力达 124 kg/cm。主管大桥工程的工程师严国敏怀疑该桥引桥扭转计算应力太大，不相信又不便明说，但为了得到更精确的计算结果，最后严国敏还是找到了长沙铁道学院开门办学实践队，请队长安排曾庆元老师帮他们重算。任务再次落在曾庆元肩上后，曾庆元在自己创立的桁梁空间分析法的基础上，又提出一种箱形梁计算的板梁框架法，算出了该箱梁在自重下"三条腿"时的最大扭曲拉应力和最大竖向位移，还撰写了论文《薄壁箱形梁在偏载作用下的计算》。结果，曾庆元的计算与1977 年该梁原型试验值非常接近，算出了九江长江大桥引桥 40 米箱形梁约束扭转应力及位移的正确值，解决了桥上列车横向摇摆力及桥梁横向刚度的计算问题。1978 年，该成果在铁道部科学大会上获得两项奖。

1977 年曾庆元又撰写了论文《箱形梁畸变计算的改进——对薄壁箱形梁在偏载作用下的计算的补充》。本文是对上一年文章《薄壁箱形梁在偏载下的计算》的修改与完善，也是对以前对"三条腿"问题解释的改正与改进。

至此，曾庆元的铁路桥梁振动理论研究与箱形梁分析研究告了一个段落。

1979 年，曾庆元正式确定了车桥振动的研究方向，其后撰写了一系列研究论文。

1979 年，曾庆元撰写论文《薄壁箱形梁计算的板梁框架法》（长沙铁道学院学报，1979，45－79）。此文叙述了薄壁箱形梁计算的另一种分析解法——板梁框架法。此法计算原理比较简单，易于掌握，适用范围较广，被视为箱形梁分析的标志性成果。

1981 年 3 月，曾庆元为第一作者撰写论文《三跨连续变截面薄壁双室箱形梁计算的有限元法》。本文以"板梁框架法"为基础，提出薄壁箱形梁计算的一种简便有限元法，为薄壁箱形梁计算开拓了一条新路，解决了李国豪提出的问题。文章首次提出了弹性系统动力学势能驻值原理及形成矩阵的"对号入座"法则，解决了列车——桥梁时变系统与列车——轨道时变系统空间振动方程的建立问题，及桥梁局部与整体相关屈曲方程的建立问题，首次提出了考虑横膈板及端膈墙影响的梁段有限元法。铁道部专业设计院主动提出用此文方法计算该院设计的 16 米标准梁的"三条腿"扭曲应力。其结果在 1984 年该成果鉴定会上通过。《桥梁建设》1993 年第 2 期有一篇论文建议将"对号入座"法则改名为"直接拼装法"，并专门介绍此法则在桥梁和结构电算中的应用，认为此法则"简便、清晰、易掌握，任何复杂体系的结构矩阵均可直接求出；此法则将使结构矩阵分析发生质的变革，其推广应用具有重要使用价值"。本文被视为箱形梁分析的标志性成果。

1986 年，曾庆元通过反复修改后写成论文《形成矩阵的"对号入座"法则的桁梁空间分析桁段有限元法》。

1986 年，曾庆元通过反复修改后写成论文《形成矩阵的"对号入座"法则的桁梁空间分析桁段有限元法》。

1987 年 11 月，曾庆元撰写的论文《铁路桥梁行车振动研究概况》在第二届全国桥梁科技动态报告会上宣读。文章提出，桥梁行车振动的实质是列车—桥梁时变系统的振动。此文可视为车桥振动研究的开山之作。

1990 年，曾庆元为第一作者撰写论文《桥上列车横向摇摆力的初步研究》(《桥梁建设》1990 年第 1 期)。本文总结了各国规范对列车横向摇摆力的规定，并以实测转向架及轮对蛇行波为激振源，计算了车桥系统的横向振动，得出了与实测接近的车桥系统振动的全过程波形图，并在此基础上计算了 5 种车速 8 座不同跨度桥上列车横向摇摆力波形图。首次发表计算摇摆力与实测摇摆力接近。

1991 年 9 月，曾庆元撰写论文《关于铁路桥梁的刚度问题》(《长沙铁道学院学报》第 9 卷第 8 期 < EI 收录>)，被中国铁道学会桥委会评为优秀论文一等奖。基于前人和笔者研究结果，文中阐明了铁路桥梁刚度的物理意义，综述了各国(桥规)对铁路桥梁的竖向刚度及横向刚度的规定，介绍了有关规定的来源，简要讨论了有关规定的疑难点，被视为车桥振动研究的又一开山之作。

1991 年，曾庆元撰写论文《列车—桥梁时变系统横向振动分析》(《铁道学报》1991 年第 2 期，排名第一)。该文首次发表桥梁计算横向振动波形图与实测波形图接近；系统论述了列车—桥梁时变系统的横向振动分析理论，并用该理论解决了桥梁横向刚度的宽跨比限值问题。本文将列车—桥梁视为一整体振动系统，其振动特性随列车过桥时间变化，由势能驻值原理及形成结构矩阵的"对号入座"法则，导出此系统横向振动的矩阵方程。以车辆构架在桥上的实测蛇行波和车辆轮对在线路上的实测蛇行波为激振源，算出了列车分别以 33、49、55、73、90 km/h 速度通过 48 m、64 m、66 m、72 m、80 m、92.96 m、144 m、192 m 单线简支钢桁梁桥时的车桥系统横向振动响应时程曲线，与实测比较接近。在此基础之上，又算出了上述各跨桥梁的容许极限宽跨比、桥上列车横向摇摆力及其他结果均与我国及美国、日本、英国等《桥规》的规定值接近。该文被视为车桥振动研究的标志性成果。

1991 年 12 月，曾庆元为第一作者撰写论文《钢桁梁桥横向刚度限值研究》。该文根据车桥时变系统横向振动的确定性分析与随机分析结果，得出了钢桁梁桥横向刚度限值，计算结果与日、美等国的规定值接近。此文在同济大学出版，并收录于 1992 年全国桥梁结构学会大会论文集。该文被视为车桥振动研究的重要论述。

1992 年 11 月 1 日，曾庆元为第一作者撰写的论文《铁路钢桁梁桥横向刚度限值研究》在全国桥梁结构学术大会上宣读。本文阐明了铁路桥梁横向刚度问题；论证了控制桥梁横向刚度的主要因素为列车各车辆抗脱轨安全度和司机、旅客的舒适度；提出了铁路桥梁横向刚度限值的研究思路。本文最后根据大量计算结果，得出了简支钢桁梁桥横向刚度限值[B/L]，与中、日、美等国《桥规》根据经验的规定值接近。此文被视为车桥振动研究的重要论述。

1997 年，曾庆元与学生李德建合作发表论文《列车—直线轨道空间耦合时变系统振动分析》(《铁道学报》第 1 期)。本文建立了一种列车—直线轨道空间耦合时变系统振动分析模型，计算结果与列车、轨道振动测试结果一致，首次得出了轨枕横向、竖向振动计算时程曲线相当接近的结果。首次发表轨枕计算空间振动波形图与实测波形图接近。本文被视为车桥振动研究的关键性论文。

1998 年，曾庆元出版专著《列车桥梁时变系统振动分析理论与应用》。此书进行了一般车速与高速下此系统空间振动的大量分析，完成了国家自然科学基金资助项目一个，铁道部大桥工程局、铁道部第四勘测设计院等单位项目 16 个。预测了多座桥梁的横向刚度及此系统的空间振动响应，都与国内外实测结果及实践经验接近，获得了巨大经济效益与社会效益。1998 年 5 月 15 日，经铁道部专家鉴定认为：《列车桥梁时变系统横向振动分析理论与应用》"研究成果具有很高学术水平，显著的经济及社会效益及广阔的应用前景，其研究理论、研究方法和研究成果达到了国际领先水平。"

1999 年 12 月 13 日。这一天对于曾庆元来说是一个很不平凡的日子，他成功当选为中国工程院土木、水利与建筑工程学部院士。

曾庆元评选院士时的主要贡献有四：

一、创立了一套崭新的列车—桥梁时变系统横向振动分析理论；

二、提出了列车—轨道时变系统横向振动分析理论及高速无缝线路横向动力稳定性分析理论，解决了此系统横向振动分析问题及无缝钢轨横向动力稳定性的分析问题；

三、提出了大跨度斜拉桥和钢压杆局部与整体相关屈曲极限承载力分析理论及钢构桥、系杆拱桥、板桁组合结构桥梁的极限承载力分析理论；

四、发表论文 40 多篇，一篇同时被 EI 及 SCI 收录，两篇被 EI 收录，6 篇被俄罗斯力学杂志及其他权威杂志摘录。出版专著 2 部。编著了研究生教材《结构动力学》及《结构稳定理论》，已使用 14 年。

2005 年，曾庆元与几位学生合著《列车脱轨分析理论与应用》。

该成果破解了列车脱轨理论研究方面的百年难题。

2007 年,《列车脱轨分析理论与应用》一书获首届中国出版政府奖图书奖提名奖。

2005 年 5 月,铁道部科技司在长沙组织召开了这套列车脱轨分析理论与应用研究的专家会议。鉴定意见为"课题组实现了列车脱轨分析理论的重大突破,本理论研究成果为原始创新,达到了国际领先水平,具有很高的实用价值和广阔应用前景,为制定预防脱轨措施及标准提供了理论依据,可供线桥设计和规范修订参考"。

2006 年,该成果获得了湖南省科技进步一等奖。

2012 年,已经 88 岁高龄的曾庆元仍以第一作者的高度责任感与学生周智辉、赫丹合作发表了题为《列车—轨道(桥梁)系统横向振动稳定性分析》的论文(《铁道学报》第 34 卷第 5 期)。该文首次论述了列车-轨道-桥梁系统运动稳定性分析理论,提出了系统横向振动失稳临界车速与容许极限车速分析方法,首次算出了我国高速列车失稳临界车速。论证列车脱轨力学机理是列车—轨道—桥梁系统横向振动丧失稳定。基于系统运动稳定性能量增量分析方法,提出列车—轨道—桥梁系统横向振动稳定性分析的能量增量判别准则。当列车—轨道—桥梁系统横向振动极限抗力做功增量大于系统横向振动最大输入能量增量时,横向振动状态稳定;反之,系统横向振动状态不稳定;二者相等时,横向振动状态处于失稳临界状态。基于上述准则,提出系统横向振动失稳临界车速与容许极限车速分析方法,并结合实例证明方法的可行性。采用上述方法得到高速铁路板式无砟轨道列车失稳临界车速为 607.5 km/h,容许极限车速为 486 km/h,证明我国高速铁路运行安全度较高。

2017 年,曾庆元院士病逝于中南大学。

第三节　从云大学生到长沙铁道学院院长
——曾俊期的治学治校经历

　　曾俊期 1932 年 11 月出生在四川成都。

　　1951 年 9 月考入云南大学就读于铁路建筑系。1953 年全国院系调整转入中南土木建筑学院继续学习。1955 年毕业后留校任教。

　　1955 年 7 月至 1957 年 7 月，在唐山铁道学院苏联专家研究生班学习。1980 年 11 月，任长沙铁道学院工程系主任。1982 年 3 月，任长沙铁道学院副院长，1984 年 7 月任院长。1993 年享受政府特殊津贴。1993 年 1 月，兼任长沙铁道学院建设监理公司总经理。

　　在担任院长期间，勤于思政，敢于创新，善于管理，坚持以教学为中心，强调办学质量、效益、环境是学校管理者永恒的主题，使学校发生了深刻变化和长足发展。曾先后在国家、部省级刊物发表论文 20 多篇，1983 年获得铁道部优秀教材奖。1989 年荣获国家级优秀教学成果奖、湖南省教学成果一等奖、铁道部教学科学研究成果奖、湖南省青年优秀思想政治工作者称号。

　　1983 年担任中国铁道学会理事。1984 年担任湖南省铁道学会理事长。1987 年 11 月由铁道部批准，率三人代表团访问美国，参加美国纽约皇后学院50周年校庆活动。1988年12月，获得湖南省"优秀青年思想教育工作者"称号。论文《端正办学思想，加强本科教育》获湖南省优秀教学成果一等奖。1991年，在铁道部科技大会上获得"全国铁路优秀知识分子"称号。1993年，获得全国优秀教师奖章。

参加了《铁路设计》（1962年人民铁道出版社）、《铁路工程设计手册》（1978年人民铁道出版社）、《铁路选线设计》（1979年人民铁道出版社）等教材的编写。1983年，主编的援助非洲教材《铁路选线设计》获铁道部优秀教材二等奖。

其传记被收入1988年英国剑桥《国际名人辞典》和美国《国际优秀领导人名录》。

第四节　众教授简历

余炽昌简历

余炽昌，1899年3月出生，浙江绍兴人。

1925年—1928年，曾在美国康奈尔大学研究院学习，获工程硕士学位，后又到美国桥梁公司等处实习。

1928年7月—1929年1月在北宁铁路工务段任学习工程师。

1929年1月—1931年2月，在东北大学工学院任教授。

1931年2月—1933年7月，在北洋工学院任教授。

1933年9月—1937年7月，在武汉大学工学院任教授。

1937年9月—1938年9月，在山东大学工学院任教授，兼土木工程系系主任。

1938年9月—1953年9月，在武汉大学任教授，并先后兼任训导长、工学院院长、教务长、校务委员会委员兼工学院院长。其在武汉大学工作期间的学术地位，在"1949年前武汉大学老教师著述篇目索引"中排名在郁达夫之前，可见其地位显赫。

余炽昌教授从教30多年，曾先后开设桥梁工程、铁道工程、结构设计、钢桥设计、铁路选线、钢结构、木结构工程契约及规范等课程。在教育界、桥梁界有一定威望。

1953年长江大桥修建期间，余炽昌曾被聘为武汉长江大桥工程局顾问。

1950年—1953年，任武汉市监察委员会委员。

1953年，在国务院对院系调整时，余炽昌从武汉大学调入中南土木建筑学院，任教授，兼副院长。

调入长沙铁道学院后任土木工程系教授、长沙铁道学院副院长。

20世纪50年代初曾被选为湖南省人民代表大会代表，并任湖南省政协委员。

刘达仁简历

刘达仁，1912年12月生，湖北武昌人。

1935年11月—1940年11月，在德国柏林工业大学求学。

1941年2月—1947年7月，在重庆大学土木系任教授。

1941年8月—1942年3月，曾在四川李庄同济大学任副教授。

1942年3月—1948年9月，在重庆川康兴业公司技术室任专员。

1943 年 2 月—1944 年 2 月，在四川北碚复旦大学土木系兼任教授。

1943 年 2 月—1943 年 7 月，在重庆前中央大学土木系兼任教授。

1946 年 8 月—1947 年 7 月，在重庆前中央工校土木科任教授。

1946 年 8 月—1948 年 4 月，任重庆市都市计划委员会常委。

1947 年 8 月—1948 年 1 月，任重庆重华学院土木系教授兼系主任。

1947 年 8 月—1949 年 9 月，任重庆华夏建筑公司副经理兼技师。

1946 年 8 月—1952 年 8 月，任重庆大学土木系教授。

1952 年 5 月—1953 年 3 月，任重庆土木建筑学院教授兼二分院主任。

1953 年 4 月—1954 年 8 月，任四川大学土木系教授兼工学院教务科长。

1954 年 9 月—1960 年 8 月，任中南土木建筑学院铁建系教授，调入原长沙铁道学院后任土木系选线教研室教授。

1992 年病逝。

石琢简历

石琢，1905 年 6 月 18 日出生，湖南邵阳人。

1925 年—1927 年，天津北洋大学就读，预科毕业。

1927 年—1931 年，就读天津北洋大学，土木系毕业。

1931 年 7 月—1931 年 10 月，任江苏镇江水利局测绘员。

1931 年 10 月—1940 年 8 月，任武汉大学土木系助教。

1940 年 9 月—1941 年 10 月，任武汉大学讲师。

1941 年 10 月—1945 年 7 月,任西康西昌技术专科学校土木系教授。

1941 年 12 月—1945 年 5 月,先后任西康西昌技术专科学校土木科教授,兼土木系系主任,总务处主任等职。

1945 年 1 月—1945 年 10 月,任川滇西路管理局正工程师。

1945 年 10 月—1954 年,任武汉大学土木系教授主教平面测量学、铁路曲线及土方、铁道定选学高等测量、结构设计等课程。

1953 年院系调整时,调入中南土木建筑学院,任教授、工会主席等职,调入原长沙铁道学院后任长沙铁道学院教授兼制图教研室主任。

1979 年 5 月 23 日,病逝。

桂铭敬简历

桂铭敬,1899 年出生,广东省南海县人。

1921 年毕业于上海交通大学土木工程系。

1922 年在美国康奈尔大学获硕士学位。

先后任岭南大学、华南工学院土木系主任。

曾经当选为广州市第一届人民代表、湖南省第一、二、三届人民代表和第三届全国人民代表大会代表。

桂铭敬是我国铁路工程界的老前辈。先后担任过粤汉铁路株(洲)韶(关)段工程局正工程师兼设计课课长,湘桂铁路工程局副总工程师,宝天、天兰铁路工程局副局长兼总工程师,湘桂黔铁路局副局长等重要职务，为我国的铁路测绘及建筑事业做出了卓越的贡献。

1953年前，桂铭敬先后在广东大学、岭南大学、中山大学、华南工学院任教，担任教授。1953年调入长沙后，先后在中南土木建筑学院、长沙铁道学院任教，担任教授。

桂铭敬为国家培养了大批铁道建设人才，先后主编了《粤汉铁路株韶段建筑标准图》《湛江建港计划》等重要文本。曾获国家教委、国家科委颁发给的"长期从事教育与科技工作且有较大贡献的老教授"荣誉证书，"全国高等院校先进科技工作者"称号。

1992年病逝。

黄权简历

黄权，1905年生，广东省台山县人。

幼时随父亲到广西南宁生活。1918年7月在广西南宁模范初级小学学习。1918年9月至1921年7月在广州南武高级小学学习。1921年9月至1925年在广州培正中学学习。1925年9月至1926年6月在广州留俄孙文大学预备班学习。1926年9月至1927年7月在上海沪江大学理科一年级肄业。1927年9月至1931年7月在上海交通大学毕业。

大学毕业后，先后在广州粤汉铁路广韶段任实习生，湖南株韶段铁路工程局任助理工程师，广东台山新宁铁路工程任助理工程师。后来分别任湘桂铁路工程师、分段长，总段工务主任，黔桂铁路工程师，副工程师，桂林市政府技正工务科长。

1946年6月至1947年4月任广西大学教授。1947年4月至1948年12月任广州湾湘桂黔铁路粤境工程处副工程师、正工程师。1949年4月至1949年9月任广西容信公路工程师。1951年1月至1953年10月在广西大学任教授。

1953 年 10 月至 1960 年 8 月先后在中南土木建筑学院、湖南大学任教授。1960 年 9 月任长沙铁道土木工程系教授。1962 年 2 月任九三学社长沙分社筹备委员，1964 年 9 月任九三学社长沙分社委员会委员。

参与工程建设方面：

1935 年至 1936 年，黄权在监修渌口大桥时因工程质量好又节省了工费十分之一受到工程局奖励；1937 年参加衡阳洪桥间铁路选线测量；1938 年参加柳州来宾间铁路定线；1941 年参加黔桂铁路南丹牛搁关上下路线选线定线测量，因结果优节省大量工料工时，均受到工程局嘉奖，加薪多级。

1951 年至 1953 年再入广西大学期间，曾于 1952 年暑假响应毛主席号召带领学生到河南参加治淮工程，在工作中尽力帮助学生们完成所承担的四十多万亩灌溉地区的测量绘图任务，受到板桥水库指挥部的表扬。

1960 年 6 月入长沙铁道学院后，担任铁道设计教研组任教授。

1979 年 9 月病逝。

耿毓秀简历

耿毓秀，河北晋县人，1910 年 4 月出生。

1918 年 2 月至 1922 年 7 月在河北晋县读初小。1922 年 8 月至 1924 年 6 月在河北晋县樵镇读高小。1924 年 8 月至 1928 年 6 月在河北正定省第七中学读中学。1928 年 9 月至 1934 年 6 月在天津理工学院土木系读书。

1934 年 8 月至 1935 年 10 月在湖南粤汉铁路株韶段当试用工程学生。1935 年 11 月至 1936 年 4 月在江西京湘铁路当工程学生。

1936 年 5 月至 1938 年 2 月在贵州湘黔铁路任工务员。1938 年 3

月至 1940 年 2 月在广西湘桂铁路任工务员。1940 年 3 月至 1940 年 9 月在云南滇越铁路任工务员。1940 年 10 月至 1941 年 8 月在云南大学任讲师。1941 年 9 月至 1943 年 2 月在滇越铁路任帮工程师。1943 年 9 月至 1945 年 5 月在滇越铁路桥梁设计处任副工程师。1945 年 6 月至 1946 年 5 月任滇越铁路工程委员副工程师。1946 年 5 月至 1946 年 12 月任桂林公路第四区副工程师。1947 年 1 月至 1949 年 12 月任柳州大生营造厂技师。1950 年 2 月至 1951 年 7 月任柳州营造厂经理。1951 年 8 月至 1952 年 9 月，在桂林茂成营造厂任技师。

1952 年至 1953 年在广西大学任副教授。1953 年 10 月至 1960 年 8 月在中南土木建筑学院任副教授。1960 年 10 月在长沙铁道学院任副教授。

耿毓秀系中国农工民主党党员。

1989 年 2 月 2 日病逝。

张显华简历

张显华，广西北流县人，1915 年 5 月初 10（农历）出生。

1922 年 9 月至 1926 年 7 月，在广西北流县城南读初小。1926 年 9 月至 1928 年 7 月在广西北流第一高小读书。1928 年 9 月至 1931 年 7 月，在县初级中学毕业。1931 年 9 月至 1934 年 1 月在广西省第二高中读书。1934 年 2 月至 1934 年 7 月在广西南宁省高中毕业。1934 年 9 月至 1938 年 7 月，广西大学（先省立后国立）土木工程系本科毕业。

1938 年毕业至 1951 年，先后在湘桂铁路局桂南工程局第六工务总段、成都广成铁路局、衡阳湘桂铁路管理局、昆明滇越铁路滇段管理处、广西怀远湘黔铁路工程局、贵阳湘桂黔铁路都筑段工程处担任实习生、工务员、工程师、公务主任、林东支线勘测队队长等。

1951 年 7 月至 1953 年 9 月在桂林广西大学土木工程系任教，担任副教授。1952 年秋，学校决定增设铁路勘测专修科，张显华同志任专修科副主任。

1953 年 9 月，随国家院系专业调整，张显华同志先后在中南土建学院、湖南工学院、湖南大学担任副教授兼建筑施工教研室主任。1959 年 10 月到长沙铁道学院土木工程系任副教授兼院务委员。

在长沙铁道学院工作期间，张显华先后讲授过"铁道测量""钢筋混凝土技术""铁道工程""铁道概论""房屋工程概论""铁路隧道""铁路建筑经济组织与计划""桥梁施工组织计划""房屋工程概算预算"等十多门课程；先后担任土木工程系工会主席和长沙铁道学院工会副主席，长期担任铁道建筑教研室主任；先后参加过黎塘至湛江等六条铁路线路设计和第一座长沙湘江大桥设计。

1997 年 10 月 17 日病逝。

王朝伟简历

王朝伟，1914 年 4 月 15 日出生，蒙古族，江苏省镇江市人。

1921 年至 1927 年夏在北京崇德小学读书，1933 年毕业于北京崇德中学，同年考入交通大学唐山土木工程学习，"七七"事变后，转入上海交通大学土木工程学院学习。1939 年交大毕业，在西南公路处任实习生。1940 年春受聘为唐山交通大学助教。1941 年 3 月调桂穗公路处任工务员。1942 年受聘为广西大学讲师，1943 年发表《结构学新分析法及其举措》论文，获中国工程师学会土木类论文第二名奖。1945 年晋升为副教授。1948 年晋升为教授。

1949 年 11 月桂林解放，留任广西大学教授。1952 年夏加入中国农工民主党。同年秋被任命为该校土木系主任兼测量专修科主任。1953 年全国院系调整，调长沙中南土木建筑学院任教授兼桥梁铁道系主任，后又兼桥梁教研室主任。

王朝伟曾参加双曲拱桥开裂原因的研究，根据《矛盾论》原理，提出由完整的桥发展为开裂的桥，其根本原因应是桥梁内部的收缩差和温度差。这一判断提出后，争议很大。铁道部组织调查组，在湘东铁路线上得到验证，最后将其"两差"理论写进我国新的《铁路工程技术规范》；曾派往九江为修建长江大桥的工程师们讲授《桥梁专业应用数理统计学》《算法语言》和《有限元法》等课程。

王朝伟曾应交通出版社之约，主持编写了《高等结构力学丛书》和《有限元法》，并参加了《中国大百科全书》中四个条目的编写和担任《工程力学》的编写组成员。

王朝伟系第一届、二届、三届湖南省政协委员，第四届、五届湖南省政协常委，积极参政议政，曾在政协提出运用系统工程的理论制订县的发展规划的提案，在全省数十个县得到应用实施，取得一定的经济效益，被评为全省政协先进个人。

1996 年 2 月 6 日病逝。

谢世澂简历

谢世澂，湖南省醴陵县(现醴陵市)人，1911 年 5 月 28 日出生。

1918 年 9 月至 1921 年 7 月在醴陵第八国民小学读书。1921 年 9 月至 1924 年 7 月，在醴陵南乡联合高小读书。1924 年 9 月至 1927 年 7 月在醴陵县立中学读书。1928 年 9 月至 1929 年 7 月在长沙大麓中学读书。1929 年 9 月至 1931 年 7 月毕业于武汉大学理预科。1935 年毕业于交通大校唐山工程学院土木工程系。

大学毕业后先后在粤汉铁路株韶段工程局、京赣铁路宜贵段工程局任实习生、工程助理员。

1937 年赴美国密执安大学研究生院深造,获土木工程硕士学位。1938 年8 月受聘赴泰国克力斯谦尼、匿尔逊工程公司任土木工程师、主任工程师,专长钢筋混凝土结构设计与施工,先后主持设计和建造了为纪念泰国君主立宪革命胜利的民主纪念塔、皇家大戏院、皇家宾馆、攀素公路大桥、半自动化筒仓等著名的钢筋混凝土结构物,并发表了《滑动模板建造钢筋混凝土筒仓的设计与施工》《夏季疗养院的规划与设计》等 4 篇论文,载于克力斯谦尼、匿尔逊工程公司《技术实录》。

抗日战争胜利后,谢世澂由于长期在海外,深受外民族歧视,希望能为祖国的复兴贡献自己的知识和技能,于 1946 年 6 月从泰国回到祖国。但事与愿违,报效无门,乃弃工从教,任上海交通大学土木系副教授,后升教授。1948 年 1 月任台湾地区农林处林产管理局技正兼工务组组长。1948 年 8 月任台湾大学土木系教授。因解放战争的节节胜利,谢世澂进一步认识到国民党政权的腐败,毅然于 1949 年 7 月离开台湾,举家赴香港。谢世澂只身化装搭乘外商货轮,冒着生命危险,偷渡台湾海峡和渤海口,于同年 8 月到达东北解放区,随即转赴唐山,任中国交通大学唐山工学院结构系教授。

1950 年任广西大学土木系教授兼系主任。1951 年任广西大学工学院院长,曾讲授《钢筋混凝土结构》《桥梁工程》等多门课,治学严谨。同年1月被中华全国自然科学专门学会联合会聘为该会桂林分会筹委会委员。他是中国土木工程学会发起人，并受命筹组中国土木工程学会桂林分会，当选为该分会理事长。1951年秋在桂林加入中国民主同盟。1952年冬当选为桂林市各界人民代表会议代表。1953年受中南军政委员会教育部指派，担任中南区高等院校调整工作组工科专业的负责人，对全区范围内各大学工程系科的专业师资和设备等进行调查研究，为中南区高等院校的院系调整及筹建中南土木建筑学院做出了贡献。同年8月被国家教育部任命为中南土木建筑学院教授兼教务长。其间当选为第一届湖南省人大代表、民盟湖南省委委员兼中南土木建筑学院支部主委。

调入长沙铁道学院后担任桥梁隧道系教授，讲授《结构设计原理》《桥梁工程》等课程；后被任命为长沙铁道学院学术委员会副主任，院学报编辑委员会主任。谢世澂还曾参与了翻译科技文献和房屋设计绘图等工作，先后翻译和校审专著、教材、科技资料等一百多万字。

谢世澂继第一届省人大代表后，又相继担任过第四届湖南省政协委员，并先后当选为第四届、第五届湖南省政协常委兼教育工作组副组长，民盟第六届、第七届湖南省委员兼文教科技委员会主任，民盟第四次和第五次全国代表大会代表。

1997年7月5日病逝。

李绍德简历

李绍德，男，曾用名李乾前，江西万载人，1901年5月8日生。

1911年9月—1916年7月，随兄在南昌读完初小和高小。1916年9月至1924年6月，考入北京清华学校，先读中等科4年，后读高等科4年。

1924 年 7 月—1926 年 6 月赴美国普渡大学学习土木工程。1926 年 7 月至 1927 年 7 月到美国朱丽根大学工作。

1927 年 7 月—1930 年 12 月在南昌江西省工业专科学校任教授。1931 年 1 月—1934 年 6 月到杭州浙江大学任副教授、教授。

1934 年 6 月—1937 年 11 月到杭州浙赣铁路理事会任工程师。1937 年 12 月—1940 年 6 月到桂林湘赣铁路任正工程师。1940 年 6 月至 1942 年 12 月在桂林桂穗公路任正工程师。1943 年 1 月—1944 年 10 月到湖南衡阳市任工务局长。1944 年 11 月—1946 年 3 月到国立自贡工专任教授。1946 年 4 月—1949 年 10 月到浙赣铁路任正工程师。1949 年 10 月—1953 年 9 月在南昌大学任教授。1953 年 10 月—1958 年 7 月在中南土木建筑学院任教授。1958 年 8 月—1960 年 7 月在湖南大学任教授。1960 年 8 月到长沙铁道学院任教授

李绍德在高等学校教学期间，先后担任过"铁路工程""铁路设计""道路工程""市政工程""给水工程"等课程讲授。能胜任"财务管理""大地测量""筑路工程"等课程教学。在实践上有"铁路公路线路勘察选定计划及施工""工厂公共房屋建筑计划布置施工""市政建设计划审定检查实施"等方面的专长。

1994 年逝世。

盛启廷简历

盛启廷，男，别号锡山，湖南湘阴人，1897 年 11 月 7 日出生。

1903 年 1 月至 1905 年 12 月至长沙私塾学习。1906 年 1 月至 1907 年 12 月在湘潭益智学校学习。1908 年 1 月至 1909 年 12 月在长沙明德小学学习。1910 年 1 月至 1911 年 12 月在长沙雅礼学校学习。1912 年 1 月至 1913 年 12 月在长沙湖南省立高等工业专门学校学习。1914 年 1 月至 1914 年 9 月筹备赴美国留学。1914 年 10 月至

1919 年 6 月在美国伊利诺伊州立大学（URBANO I11 ）获学士学位。1919 年 7 月至 1919 年 12 月等待工作。1920 年 1 月至 1921 年 12 月在美国威斯康星州公路局任测绘工程师。1922 年 1 月至 1923 年 8 月在美国石岛铁路公司任帮工程师。1923 年 9 月至 1923 年 12 月归国途中。1924 年 1 月至 1924 年 8 月，在湖南省立高等工业专门学校任教授。1924 年 9 月至 1925 年 12 月在北京协和医院就医休养。1926 年 1 月至 1927 年 2 月在家养病并处理因存款的钱庄倒闭债务事宜。1927 年 3 月至 1949 年 8 月在湖南大学土木工程系任教授。1949 年 9 月（湖南解放留用）至 1953 年 9 月在湖南大学土木系任教授。1953 年 10 月至 1960 年 7 月先后在中南土木建筑学院、湖南大学任教授。1960 年 8 月到长沙铁道学院任教授。

盛启廷教授在长期的教学和实践中敬业负责，特别是在"平面测量""线路测量""公路工程""铁路工程"以及"岔道工程"等方向都特别有专长。

1967 年逝世。

黄宗瑜简历

黄宗瑜，男，1906 年出生，江西南昌人。

1927—1931 年，国立交通大学管理学院毕业。

1931—1935 年，在京沪等铁路部门工作，历任站长、课员，同时在国立交大兼任助教。

1935—1937 年，在京沪杭铁路局任总干事，同时在国立交通大学及暨南大学兼任讲师。

1937—1940 年，在国立交通大学任专职讲师。

1940—1944 年，在湘桂铁路理事会总经理处任秘书、主任。

1944—1946 年，赴美学习，先后就学于纽约中央铁路部门及哥伦比亚大学商学院，获研究生学位。

1946—1951 年，在国立交通大学任教，任运输管理系系主任、教授，其间 2 年任京沪铁路营业处专员兼第二课课长。

1941—1953 年，先后在广西大学及几所私立大学兼任副教授、教授。

1953 年调入长沙后，先后在中南土木建筑学院、湖南工学院、湖南大学、长沙铁道学院任教，任教授。

李廉锟简历

李廉锟，男，湖南长沙县人，1915年 12 月 2 日出生。

1921 年 1 月至 1924 年 6 月在长沙县大沃乡道维小学上初小。1924 年 7 月至 1927 年 8 月在长沙县立第十四高小学习。1927 年 9 月至 1930 年 8 月在湖南私立明德中学读初中。1930 年 9 月至1931 年 12 月在家自学。1931 年 1 月至1934 年 11 月在湖南省立第一中学读高中。1935 年 1 月至 1936 年 7月在家自学。1936 年 9 月至 1940 年 8 月在清华大学（昆明西南联大）土木系学习。

1940 年 9 月至 1941 年 8 月在清华大学交通部公路研究室任助教。1941 年 9 月至 1943 年 2 月在滇缅铁路任工务员、帮工程师。1943 年 3 月至 1943 年 9 月在云南省农田水利贷款委员会任副工程师。1943 年 8 月至 1945 年 10 月在美国麻省理工学院土木系攻读研究生。1945 年 12 月至 1946 年 2 月在美国加州旧金山奥斯汀建筑公司任结构设计工程师。1946 年 9 月至 1953 年 7 月，在湖南大学土木系任教授(1949 年 8 月湖南解放留用)。1949 年 8 月至 1960 年 9 月先后在中南土木建筑学院、湖南大学任教授。1960 年 11 月以后在长沙铁道学院任教授。

到长沙铁道学院后，先后任桥梁隧道系、数理力学系主任。1983 年 6 月加入共产党。长期为本科生和研究生讲授"结构力学"、"弹性力学""土力学""基础工程""钢筋混凝土""木结构和结构设计理论"等课程。

李廉锟从教期间一直教风严谨，教学效果优良。20 世纪 70 年代初期，在武汉桥梁工程期刊上发表连载文章，比较系统地介绍了有限单元法的原理和应用，是我国最早引进和推广有限元法的学者之一。曾编写和主编"结构力学""土力学"及"地基基础"等教材五部。其中，由高等教育出版社出版的《结构力学》(第二版)，获国家教委优秀教材二等奖；由高等教育出版社出版的《结构力学》(第三版)获铁道部优秀教材二等奖。

2011 年 5 月逝世。

华祖焜简历

华祖焜，男，湖南省临澧县人，1931 年 1 月 9 日出生，系中共党员。

1936 年 9 月至 1940 年 7 月在当地读初小。1940 年 9 月至 1942 年 7 月在明家岭泰山完小读高小。1942 年 9 月至 1945 年 2 月在临澧县立初级中学学习。1945 年 2 月至 1950 年 7 月在临澧县省立第 14 中学学习。1950 年 8 月考入湖南大学土木系。1953 年本科毕业留校任中南土木建筑学院结构力学教研室助教。

1955 年前往武汉长江大桥工程现场担任技术员，其间参加并完成中苏技术合作研究项目——管柱基础岩石地基的极限承载力研究。1957 年返校担任桥梁教研室助教。1959 年末担任长沙铁道学院筹建处基建技术负责工作。其后先后担任过湘东铁路指挥部施工组副组长、铁道部大桥局筹建工人大学教师。曾经以副教授身份赴美国加利福尼亚大学担任过访问学者，参加了中美合作的项目——加筋土结构的离心模拟研究。晋升教授后曾先后担任过长沙铁道学院土力学基础工程教研室主任、土木工程中心实验室主任、长沙铁道学院学术委员会委员、铁道部高等教育教学指导委员、中国土力学及基础工程学会理事、中国土工合成材料工程协会理事、铁道部《地质路基》编委和顾问、国际土力学及基础工程学会委员。主持的"加筋土结构研究""加筋土地基研究"先后获得湖南省科技进步二等奖，湖南省教委科技进步一等奖。多次出席国际学术会议并发表论文，其中《作用于锚定版结构上的侧压力》曾刊于美国土木工程学报。编写或主审过《湖南省加筋土结构设计与施工暂行规程》《土力学》《岩土工程数值分析新方法》等教材。

　　享受政府特殊津贴。

　　2000 年 4 月退休。

郑君翘简历

1906 年 8 月 19 日出生于长沙东乡脱甲桥梅花庄。

1914 年—1920 年，长沙东乡脱甲桥振德高小毕业。

1922 年—1924 年，长沙雅礼中学学习。

1925 年—1926 年，南京东南大学附中高中毕业。

1926 年秋—1930 年夏，南京中央大学物理系毕业。

1930 年秋—1932 年夏，南京中央大学物理系助教。

1934 年秋—1935 年夏，南京中央军校物理系教官。

1938 年冬—1941 年夏，成都中央军校物理系教官。

1942年秋—1947年夏，贵阳贵州大学数理系教授

1949年春—1953年夏，湖南大学物理系教授。

1953年秋—1960年夏，中南土建学院（1959年改为湖南大学）教授。

1960秋，长沙铁道学院教授。

1987年7月退休。

2002年1月逝世。

郑君翘是湖南大学、长沙铁道学院资深物理学教授，湖南省物理学会理事长，著名学者。郑君翘潜心科研，且成绩卓著，35岁任副教授，翌年即擢升为教授。1960年，长沙铁道学院成立后，郑君翘教授作为首批知名教授调入该院。数十年间，一直坚守教学科研第一线，曾荣获中国物理学会授予的"从事物理科研、教授辛苦工作五十年"金质奖章和荣誉证书，并获国家教委颁发的"长期从事教育与科技工作老教授"荣誉证书。

郑君翘教授于2002年逝世，根据其生前遗愿，逝世后遗体捐献用于医学研究。

赵方民简历

赵方民，1909出生。

1934年武汉大学毕业后，先后在南京卫生署、湖南省民政厅、叙昆铁路工程局、昆（明）沾（益）铁路、滇越铁路河口工程段任土木工程师，为西南铁路早期建设和抗日战争时期唯一的国际铁路通道——滇越铁路的建设和畅通做出了重要贡献。

1947年，任国立中山大学副教授。

1952年9月，任华南工学院副教授兼教研组主任。

1953年调入长沙后，先后在中南土木建筑学院、湖南大学、长沙铁道学院担任副教授、教授。

赵方民曾自学俄语，主持翻译了希洛夫编著的《测量学》，并正式出版。发表的论文《铁路高次缓和曲线》首次提出了七次方程式的缓和曲线新线形，该线形完全满足缓和曲线应当具备的5项力学条件，是对传统三次方程式缓和曲线的根本改进，丰富了缓和曲线的理论和计算方法。这项成果是缓和曲线的重大创新，被称为"赵氏缓和曲线"。该成果受到苏联沙湖年兹教授的高度评价，后纳入其主编的教材《铁道线路》。

赵方民还参与了无缝线路统一计算公式的有关工作，曾向北美铁道学会来华代表团介绍了《关于轨道参数测定》的论文，受到好评。曾受聘参加铁道部首届学位评定委员会，对路内硕士、博士点的建设做出了贡献。在他从事土木工程工作50周年之际，谷牧副总理给他寄赠了"耕耘半世纪，硕果遍中华"的贺词和珍贵的纪念品。

赵方民系我国铁路工务工程专家，资深教授。先后任第三、五届全国人民代表大会代表，湖南省第五届人民代表大会代表，第五届湖南省政协委员，铁道科学研究院第五届学术委员会名誉委员。

赵方民于1996年因病逝世。

徐名枢简历

徐名枢，男，浙江省宁波人，1920年2月17日出生。

1926年9月至1932年7月在浙江宁波第四中学附属小学读书。

1932年9月至1938年7月在宁波实验
中学读书。1938年9月至1942年7月
在上海交大土木工程专业学习。

　　1942年9月至1945年7月在上海
交大土木工程系任助教。1945年8月
至1947年5月在京沪铁路苏州工务段
任工务员。1947年6月至1948年7月
在南京交通部路政司工务科任技师。
1948年8月至1951年8月在昆明华青
建筑公司任工程师。1951年9月至1952年12月在云南个旧大华营
造厂任工程师。1953年1月至1953年8月，在国立云南大学铁建系
任讲师。1953年9月至1959年7月在中南土木建筑学院、湖南工程
学院、湖南大学任讲师。1959年8月以后在长沙铁道学院任讲师，
1963年晋升为副教授，1983年晋升为教授。

　　到长沙铁道学院工作以后，曾任长沙铁道学院桥梁研究室主任、
学报总编辑，学术委员会及学位评定委员会委员；还先后兼任了中
国混凝土及预应力混凝土学会理事、湖南省土建学会预应力混凝土
技术咨询开发部名誉副理事长，1986年加入中国民主同盟任省直支
部主委、湖南省政协第四、五、六届委员。

　　徐名枢在教学岗位辛勤耕耘了40余年，培养桥梁工程硕士研究
生十余名，主编全国铁路高等学校统一教材《铁路桥梁》，翻译出版
俄文桥梁专业书籍2种，主持多项铁道部重要研究课题，其中"部分
预应力混凝土梁动载疲劳试验研究"及"混凝土桥梁按可靠度理论设
计研究"其成果达到了国际水平，获铁道部科技进步二等奖。

　　徐名枢还分别获国家教委、湖南省教委及铁道部发给的从事高
教科研工作40年荣誉证书与国家教委、国家科委"长期从事教育与

科技工作且有较大贡献的老教授”及“全国高校先进科技工作者”称号。湖南省政协曾授予他“为湖南经济振兴与社会进步争贡献活动做出重要贡献”的省政协先进个人、全国侨联 1994 年“为八五计划十年规划做贡献先进个人”称号。作为南昆铁路四座特大桥专家组成员，徐名枢还获得南昆铁路建设先进集体和个人立功表彰证书，多次被评为长沙铁道学院优秀教师。

1990 年 6 月退休。1993 年起享受国务院特殊津贴。2014 年 11 月逝世。

王浩简历

王浩，男，别名王名涛，江西省丰城县(现丰城市)人，1913 年 10 月生。

1921 年 2 月至 1924 年 1 月在江西丰城王洲读私塾。1925 年 2 月至 1928 年 7 月在江西临川县李家渡镇桂桥小学读书。1928 年 9 月至 1934 年 7 月在江西南昌市旧第二中学读书。1934 年 8 月至 1934 年 9 月在江西省公路处技术人员训练班学习。

1934 年 10 月至 1935 年 7 月在江西省临川县李家渡镇桂桥小学任教员。1935 年 9 月至 1939 年 7 月，在清华大学土木系学习。1939 年 8 月至 1940 年 3 月，在重庆市工务局任工程员。1940 年 5 月至 1941 年 2 月在江西省卫生处工程科任技师。1941 年 2 月至 1941 年 7 月在江西省训团卫生技术人员训练班任讲师。1941 年 8 月至 1943 年 7 月在江西省中正大学土木系任助教。1943 年 8 月至 1948 年 3 月在江西省水利局任工程师。1948 年 3 月至 1948 年 4 月在江西省丰城县华盛建筑事务所任建筑师。

1948 年 5 月至 1949 年 1 月在江西省南昌市任工务局长。1948 年 6 月至 1949 年 1 月在江西省南昌市任国民党戡乱救国委员会委员。1948年7月至1949年1月任江西省南昌市国民党城防工事委员会委员。

1948年8月至1949年5月在江西省工业专科学校任副教授。1949年7月至9月，在江西南昌市八一革命大学当学员。1949年10月至1953年9月，在江西南昌大学任副教授。1953年10月至1958年7月在长沙中南土木建筑学院任副教授。1958年8月至1960年7月在湖南大学任副教授。1960年8月到长沙铁道学院任副教授。

调入长沙铁道学院之前，王浩先后在南昌大学、湖南大学等院校工作，工作中力求认真细致，重视原则性和计划性。思想政治上努力学习辩证唯物主义，全心全意接受中国共产党的领导，服从党的安排，积极提高自身科学研究能力。

到长沙铁道学院工作后，1960至1974年间，曾担任教研室主任，研究方向为混凝土耐久性，组织教研室人员参与了与铁道部第一工程局合作的铁路规范改革（最大水灰比和最小水泥用量子题）及国标混凝土力学性能试验方法部分内容的科研工作，带领建筑材料教学组走上了科研促教学、促实验室建设、促人员素质提高的发展道路。其间分别三次主编了铁道部统编教材《建筑材料》，深受路内外同仁和广大读者欢迎。任教研室主任期间，该教研室一直主编铁道部《建筑材料》统编教材，并不断更新和完善教材内容，这些教材的出版为铁路建设相关专业建立了建筑材料教学知识架构体系。

1986年6月逝世。

邓康楠简历

邓康楠，男，原名邓强，江西萍乡县（现萍乡市）人，1907年2月出生。

1920年9月至1923年7月在江西萍乡县读中学。1923年8月至 1926 年 7 月在南京江苏省立体育专门学校学习体育。

1926 年 8 月至 1927 年 4 月在江西吉安中学任体育教员。1927 年 4 月至 8 月在南京第 22 师补充团任少尉副官。1927 年 9 月至 1928 年 7 月在吴淞中国公学任体育指导。1928 年 8 月至 1929 年 8 月在南昌江西省立第一中学任体育主任。1929 年 9 月至 1930 年 7 月在安徽教育厅任体育指导员。1930 年 8 月至 1932 年 7 月在江西南昌省立第一中学任体育主任。1932 年 8 月至 1934 年 7 月在国立浙江大学任体育讲师。1934 年 8 月至 1935 年 1 月在上海大厦大学任体育讲师。1935 年 2 月至 1936 年 7 月在南京中央政治学校任体育部主任。1936 年 8 月至 1939 年 12 月在江西省立工业专科学校任体育主任。1940 年 1 月至 1946 年 2 月在江西吉安国立 13 中任体育主任。1946 年 3 月至 12 月任国立民党江西省党部督导员。1947 年 1 月至 4 月失业。1947 年 5 月至 7 月任江西省府民政厅视察员。1947 年 8 月至 1949 年 7 月在南昌国立中正大学任体育主任。1949 年 8 月至 1953 年 9 月在南昌大学任体育副教授。1953 年 10 月至 1958 年 7 月在中南土木建筑学院任体育副教授、体育部主任。1958 年 8 月至 1960 年 7 月在湖南大学任体育副教授、体育部主任。1960 年 8 月到长沙铁道学院任体育副教授、体育部主任。

中华人民共和国成立以后，邓康楠先后担任了南昌大学、中南土木建筑学院、湖南大学等院校的体育组织、教学工作，并担任体育部主任。当时课程多体育教师少，邓主动多承担工作，长期超工作量。在思想政治上相信和拥护中国共产党，认真学习马列主义毛泽东思想，服从党组织工作分配，在工作中发挥积极性和创造性。

1960 年 8 月到长沙铁道学院时学校只有 5 名体育老师，当时校园仍然是一派工地景象，对于体育教学来说"场地无一块，房屋无一间，器材无一件"。在这种艰苦的条件下，邓康楠在学校党委的领导下，带领老师与学生一道自力更生，开辟运动场，篮球场、挖沙坑安装单双杠；因陋就简开设田径、球类、武术、舞剑、越障碍等课程；因地制宜开展 60 米短跑、立定跳远、铅球、长跑等群众性运动。这些体育教学和群众体育运动有效地促进了广大学生的身体健康。20世纪 60 年代初期学院初建，国家暂时经济困难，师生的生活水平较低，加上学习负担过重，患病率上升，由于学校注意了师生的劳逸结合，加上文体活动的积极开展，学生的体质逐渐增长，发病率由原来的 5% 下降到 1% 到 2%。体育优良率由 69.8% 上升到 80% 以上，90%以上的学生都能熟练掌握规定的体育动作，学生参加劳动出勤率达98% 以上。

1950 年担任中苏友好协会委员。1950 年 11 月兼任教育工会南昌大学分会工作。

1973 年 12 月逝世。

江子瞻简历

1929 年 7 月 29 日出生于云南华宁。

1949 年 7 月，在昆明参加过新民主主义青年联盟（我党在白区建立的秘密外围组织，当时简称"民青"）。

1947—1951 年，就读于昆明云南大学。

1949 年 10 月，在云南大学工学院铁道系任助教。

1953 年 9 月—1960 年 9 月，分别在中南土木建筑学院、湖南大学任助教、讲师。

1960 年 9 月，长沙铁道学院任讲师。

1989 年 12 月，升任副教授。

1989 年 8 月 25 日，从长沙铁道学院退休。

江子瞻主要从事铁路桥隧设计及施工。在结构实验室工作的五年,使实验室的工作从无到有,第二年起就安装疲劳试验并开始承担该梁的裂逢试验并对外单位服务,使静载、动载试验为科研提供实验加快了进度。江子瞻相继在《长院科技》《铁道标准设计通讯》等杂志上发表多篇论文。

邝国能简历

邝国能,男,1932 年出生于广东台山。

邝国能于 1953 年从华南工学院调入中南土木建筑学院,时任讲师。

调入长沙铁道学院后,邝国能曾出席过铁道部先进工作者代表大会及湖南省先进教育工作者代表大会;曾参加京广铁路复线长沙隧道工程的研究,获工程指挥部授予的"筑路功臣"称号。先后主持铁道部科研课题多项,其中"喷射混凝土加固隧道裂损衬砌模型试验"的成果在成昆等铁路推广应用,为整治隧道病害做出了重大贡献。该成果获全国科学大会、铁道部及湖南省科学大会奖。所写论文《三维有限元计算机程序》和《边界单元法计算机程序及其在隧道应力分析的应用》,深得同行专家的称赞。出席过第 22 届美国岩石力学会议和隧道工程快速掘进会议。

1989 年,邝国能因病英年早逝。

王承礼简历

1922 年 1 月出生,湖南桃江人。

1942 年 9 月—1943 年 12 月,就读于湖南大学土木系,中间曾于

1944 年 2 月—1944 年 12 月在五州中学教数学。

1945 年 2 月继续入湖南大学土木系学习，于 1947 年 7 月毕业。

1950 年 11 月—1953 年 8 月在湖南大学土木系任助教。

1953 年 8—1960 年 8 月先后在中南土木建筑学院和湖南工学院、湖南大学桥隧系任讲师。

1960 年 9 月调入长沙铁道学院桥隧系任教，后相继晋升为副教授、教授。

王承礼热爱党、热爱社会主义和党的教育事业，治学严谨，教学经验丰富。讲授过《桥梁建造》《铁路桥梁》等课程，教学工作认真负责，成绩卓著，培养的研究生质量得到使用单位好评；对桥梁学科，尤其是在拱桥设计理论方面具有系统坚实的理论基础和较深的造诣，参加的成昆铁路《一线天桥》拱桥设计获全国科学大会奖；发表有创建性的论文《铁路钢筋混凝土拱桥合理结构形式刍议》得到同行专家的好评，获全国铁路高校学术论文报告会二等奖；曾主编铁路高校系统教材《铁路桥梁》上册，已公开出版，该教材得到使用院校普遍好评。

后　记

　　编写《中南大学路科溯源(1903—1953)》一书,源于 2017 年学校的一个立项提议。当时,校区管委会董龙云书记召集我们几位退休老同志开会,桌上每人跟前摆着一本《中南大学校史研究课题申报书》。项目的目标是:拟"以学校最早发展的矿科、路科、医科三大主干学科群为主线,研究学校发展脉络,梳理百余年来中南大学在中国的经济、教育、学术、文化、健康卫生及国防安全等社会发展中的地位和贡献"。为了实现这一目标的"路科"工程,在董书记的具体操办下,我们旋即组建了"路科"写作班子,并且立马行动,一步一个脚印地开始了为我们的"路科"寻根溯源的"马拉松"里程。

　　我们的工作步骤是:先弄清楚我们学校现有路科(土木工程学院与交通运输学院部分学科)的初始源头,然后"广种博收",分别前往湖南、湖北、广西、江西、云南、四川、广东等省相关高校及省市档案馆,从浩如烟海的历史文件中逐行逐字地查找与我们学校"路科"有关的资料。资料背回来后,我们又做了大量去粗取精、去伪存真的分类整理工作。我们冒着严寒或酷暑奔走在外省各地,且两度前往广西、南昌;我们日复一日地揉捏着双眼艰难地沉溺于如山似海的故纸堆中……个中辛劳与艰苦无以言表。如果不是我们亲临 7 省市有关高校及地方档案馆对有关历史资料加以稽考钩沉,探赜索隐,寻寻觅觅并访问之相关联者,那么,如今这本比较系统、全面地展现在读者眼前的"史书"的所有数据以及其他细节或许便将永远深埋于各处楼馆的故纸堆中而永远不被世人所知。

我们辛勤而认真的工作不但从根本上理清了我们学校"路科"7条支流的源头走向，还收获了不少弥足珍贵的细节：

1903 年，刚刚上任湖南巡抚的赵尔巽便接受自日归国的梁焕奎的建议，以贡院为校址，创办了湖南省垣实业学堂，旨在"讲求矿学、路学，以保利权而储才能"。中南大学的矿务、铁路专业从此开了先河。

20 世纪 30 年代末，为应抗日战争之急需，国家拟修建滇缅铁路，为此时任国家教育部部长的陈立夫 1941 年 5 月下令：

"案准交通部咨，为拟滇缅铁路工程局呈请咨商教育部转行云南大学预储铁路人才备用……该校下学年度应增办铁道管理学系一班……

此令！"

可见铁道管理学科的设立与国家命运、民族前途何其息息相关！

1943 年 6 月，云南大学虽其铁道管理学系开办不到两年，但因师资、经费缺乏及学生人数过少等原因，不得已向当时的教育部提出了"停办"申请，时任教育部部长的陈立夫旋即严词命令："铁道管理人才目前需要甚切，该校铁道管理学系应设法延聘教员，增招学生，继续办理，不准停办！"

可见当时国家的行政长官是何其重视铁路教育与铁路管理人才的培养！

1933 年 8 月，时任云南大学校长的何瑶因该校土木工程学系尚有"小部分"毕业生未能就业，故亲笔致函教育部"养甫仁兄"言曰："近聆杭江铁路正在兴工，拟请先生特为介绍，准予酌派数名学生前往杭江铁路实习"。

1943 年 7 月至 8 月间，国立云南大学校长熊庆来为本校铁道管理学系一位隋姓学生转学一事接二连三地与当时的平越交通大学、重庆交通大学校长公函、私函，且封封言辞恳切，感人至深。

1944 年，国立云南大学铁道管理学系调整课程设置。首先由系主任李吟秋将课程设置调整的具体内容与调整的理由出具书面文件报送至学校校务委员会审议，然后由校长熊庆来报送至国家教育部部长朱家华审阅，最后由教育部认可后方能返回学校执行。

1930 年，云南大学土木工程学系招收了 20 名一年级新生，到毕业时仅有 4 人毕业！

1943 年，国立中正大学土木工程系一个 30 名学生的班级 4 个学年下来有 14 人次被记小过，1 人次被记大过，3 人次被给予警告处分，1 人被勒令退学，1 人被开除。

20 世纪 30 年代武汉大学有一项这样的"土政策"：

学生修业满一年以上且经过两次学期考试，可申请转院或转系。理学院和工学院学生可互转；转出系中所修科目可在转入系中免修。

……

从历史档案中寻觅出来的细节是真实的也是灵动的。读者可以从中见仁见智见出更多的感想与感慨。

此书终于成功出版，衷心希望此书的出版不仅能为广大读者朋友提供一个了解某一段历史的窗口，同时也能为他们提供一面借鉴历史的明镜。

最后还有四点说明：

一、关于本书参考资料的出处

第一章，出自《湖南大学史》与湖南大学土木工程学院编写的

《湖南大学土木工程学科简史》；第二章，出自《武汉大学校史》及武汉大学编写的相关资料；第三章，出自《广西大学校史》及广西大学编写的相关资料；第四章，出自江西省档案馆馆藏档案全卷宗号J037、J038号资料；第五章，出自《云南大学校史》及云南大学出版的(教学、教研、学生、师资、后勤)五大志，以及云南大学出版的《旧闻录》；第六章，出自《四川大学校史》及四川大学编写的相关资料；第七章，出自华南理工大学有关方面提供的岭南大学和华南工学院的有关资料。

二、特别值得感谢的单位与人员

我们要深深地感谢江西省档案馆、云南大学档案馆及校史办、湖南大学土木建筑学院及党委宣传部、武汉大学档案馆、四川大学档案馆、南昌大学档案馆、广西大学档案馆、华南理工大学档案馆的全体领导与老师！如果没有上述各所大学档案馆、校史办及其他相关部门机构，以及这些学校所在的省市档案馆的大力支持，就没有我们这本完全靠档案资料起家的"史书"。

三、关于人物小传

本章内容跟其他各章一样重要，但囿于各位人物的生平履历先前太多没有按照统一的规格收集整理，无现成资料可袭，只能依仗其亲属抑或极其有限且不规范的人事档案资料临时收集、整理，故篇幅、内容各有短长，编者又不能妄自杜撰，只能于不求整齐划一中各显千秋。

四、关于本书的编写责任

董龙云，负责本书编写体例确定和编写研讨，以及统稿、定稿和出版；刘贡求，负责编制本书的写作提纲、框架结构、资料采集指南以及统稿和前言、后记的写作。

此外，下列同志具体负责了本书的采编工作：第一章、第三章、第四章由张国强、刘贡求共同采集，刘贡求执笔编写；第二章、第六章由张惊涛、李代刚共同采集，张惊涛执笔编写；第五章由张国强独自采编；第七章由李松采编。杨彦、曹尧谦、刘梅、金玲攀参与上述有关工作。

是以为记。

中南大学"路科"采编组

图书在版编目(CIP)数据

中南大学路科溯源：1903—1953／董龙云，刘贡求，
杨彦主编. —长沙：中南大学出版社，2021.8
　　ISBN 978-7-5487-4322-4

Ⅰ. ①中… Ⅱ. ①董… ②刘… ③杨… Ⅲ. ①中南大
学—土木工程—学科发展—概况—1903-1953②中南大学
—交通工程学—学科发展—概况—1903-1953 Ⅳ.
①TU-12②U491-12

中国版本图书馆 CIP 数据核字(2021)第 016323 号

中南大学路科溯源(1903—1953)
ZHONGNAN DAXUE LUKE SUYUAN (1903—1953)

主编 董龙云 刘贡求 杨 彦

□责任编辑	浦　石
□责任印制	唐　曦
□出版发行	中南大学出版社
	社址：长沙市麓山南路　　　　邮编：410083
	发行科电话：0731-88876770　　传真：0731-88710482
□印　　装	湖南省众鑫印务有限公司

□开　　本	710 mm×1000 mm 1/16　□印张 15.25　□字数 181 千字
□版　　次	2021 年 8 月第 1 版　□2021 年 8 月第 1 次印刷
□书　　号	ISBN 978-7-5487-4322-4
□定　　价	99.00 元

图书出现印装问题，请与经销商调换